J. MASSELON

EXAMEN
FONCTIONNEL DE L'ŒIL

COMPRENANT

La Réfraction, Le Choix des Lunettes,

La Perception des Couleurs, le Champ Visuel

et les Mouvements des Yeux

avec figures dans le texte

et 14 planches en couleur hors texte

OCTAVE DOIN ÉDITEUR

EXAMEN

FONCTIONNEL DE L'ŒIL

EXAMEN
FONCTIONNEL DE L'ŒIL

COMPRENANT :

LA RÉFRACTION, LE CHOIX DES LUNETTES,
LA PERCEPTION DES COULEURS, LE CHAMP VISUEL
ET LES MOUVEMENTS DES YEUX

PAR

LE Dᴿ J. MASSELON

Premier chef de clinique du Dʳ de Wecker.

AVEC 15 FIGURES DANS LE TEXTE

Et 14 planches en couleur hors texte.

PARIS

OCTAVE DOIN, ÉDITEUR

8, PLACE DE L'ODÉON, 8

—

1882

Tous droits réservés.

INTRODUCTION

Sous le titre d'*Examen fonctionnel de l'œil,* nous avons réuni dans ce livre l'étude de la réfraction, de la perception des couleurs, du champ visuel et des mouvements du globe oculaire. Il est presque superflu d'insister sur l'importance d'une exploration de l'œil pratiquée à ces divers points de vue. Notons d'abord que, chez nombre de consultants, toute l'affection se réduit à un trouble de la réfraction, et quantité de malades se trouvent ainsi guéris avec une simple paire de lunettes convenablement choisies. D'autres fois, dans l'hémiopie par exemple, un diagnostic exact ne pourrait être porté si l'on n'avait pour se guider la configuration du champ visuel. L'existence d'un glaucome est-elle douteuse? Le mode de rétrécissement du champ visuel viendra souvent préciser la nature du mal. A part les précieux renseignements que fournit dans les affections du fond de l'œil l'état du sens chromatique, une semblable exploration prend un intérêt de premier ordre quand il s'agit de l'examen de personnes appelées à reconnaître des signaux colorés, tels que les employés de chemin de fer ou les marins. Enfin c'est à l'aide d'une étude précise d'un défaut de motilité de l'œil que l'on reconnaîtra quels muscles ont souffert, et l'exacte mensuration de la déviation d'un œil affecté de strabisme fournira de précieux renseignements sur l'étendue que l'on doit donner à la strabotomie appelée à corriger cette déviation.

Parmi les moyens destinés à l'étude des fonctions de l'œil, nous nous sommes attaché à n'exposer que des méthodes simples, pratiques, mais donnant des résultats suffisamment exacts. Un outillage bien compliqué ne sera pas nécessaire. Quelques échelles, une boîte de verres d'essai, un périmètre, un campimètre, des papiers diversement colorés, des échantillons de laine de couleur, suffiront habituellement. D'une manière générale, nous avons autant que possible laissé de côté les chiffres et les formules, ces dernières étant parfois moins aisément mises en mémoire que les faits souvent très simples qu'elles sont destinées à rappeler. Considérant que la plus sûre méthode d'examen pour la réfraction consiste dans l'emploi de la boîte de verres d'essai, nous avons à dessein omis de parler des optomètres, qui ne sont pas, au moins dans l'application, d'une exactitude suffisante pour dispenser d'une vérification avec les verres. La seule méthode optométrique que nous avons cru devoir décrire avec soin, est celle que fournit l'ophthalmoscope, parce qu'elle permet, *objectivement*, de déterminer avec précision la réfraction, ce qui lui donne une haute valeur, et comme moyen de contrôle, et comme unique procédé applicable dans les cas où la vision est très affaiblie.

Les diverses conformations d'yeux ont été étudiées isolément, avec les particularités qu'elles comportent relativement à la mise en jeu de l'accommodation, et en insistant tout spécialement sur le *choix des lunettes*. A cause de son importance, la détermination des verres à donner aux opérés de cataracte fait l'objet d'une étude à part.

Dans le chapitre relatif à la perception des couleurs, les méthodes réellement pratiques qui se recommandent spécialement pour les examens des employés de chemin de fer ont été indiquées avec planches chromolithographiques à l'appui. A propos du champ visuel, il a été donné, en quelques tracés, des exemples se rapportant aux principales affections de l'œil, de façon à montrer les importantes déductions que l'on peut tirer en pathologie de cette étude. Enfin la détermination du champ du regard et la mensuration du strabisme nous ont surtout occupé en étudiant les mouvements des yeux.

Si les diverses méthodes d'exploration des fonctions de l'œil doivent être familières à l'ophthalmologiste, en médecine générale elles peuvent aussi trouver une utile application, dont voudront profiter les confrères soucieux de s'entourer de toutes les ressources capables de rendre plus exacte la science du diagnostic, qui est la seule base solide de notre art.

Paris, mai 1882.

EXAMEN

FONCTIONNEL DE L'ŒIL

ACUITÉ VISUELLE

L'acuité visuelle est la représentation par un chiffre de la valeur visuelle centrale, considérée au point de vue de la perception de la forme, ce que nous regardons comme la vision normale étant figuré par l'unité. Nous n'avons alors d'autre but que de rechercher dans quelle mesure fonctionne, à cet égard, un œil pour la petite étendue correspondant au point fixé. La partie de la rétine que l'on étudie n'est donc autre que la région de la macula.

D'après cette définition, en supposant qu'il soit possible d'atteindre une exactitude parfaite, si l'on nous dit que quelqu'un a une acuité $\frac{1}{6}$, nous en conclurons qu'il manque à cette personne les $\frac{5}{6}$ d'une vue normale, ou qu'elle voit six fois moins bien que si l'œil présentait un fonctionnement régulier. Si plus tard l'acuité visuelle atteint $\frac{1}{3}$, nous serons en droit de dire que la vue a doublé, comparativement à ce qu'elle était primitivement.

Quel que soit l'objet dont on fit choix pour la détermination de l'acuité visuelle, il était avant tout nécessaire que celui-ci formât sur la rétine une image nette. C'est seulement dans ce cas que des expériences comparatives pouvaient être faites sur des yeux de conformation différente. Aussi poserons-nous, en principe, qu'une détermination d'acuité visuelle ne doit être entreprise sur un œil qu'*après correction de toute anomalie de réfraction*, chaque fois que celle-ci existe.

Un autre point important, c'était la nécessité de ne procéder à un examen de vision que pour une distance éloignée. Pour distinguer nettement un objet rapproché, deux choses sont en effet nécessaires : d'abord une sensibilité suffisante de l'œil, et d'autre part la possibilité pour celui-ci de s'adapter pour la distance donnée. C'est pour éliminer ce second facteur, qui n'a rien à voir avec l'acuité visuelle, que cette dernière doit toujours être déterminée au loin, ou du moins à une distance telle que les rayons qui émanent des points fixés puissent être regardés comme sensiblement parallèles.

Construction des échelles.

L'objet qui devait naturellement s'offrir pour la détermination de l'acuité visuelle était un caractère d'imprimerie. Aussi la plupart des tableaux destinés à cette recherche ont-ils été formés de séries de lettres isolées, de façon à ne pas constituer un mot que l'on pût plus ou moins aisément deviner. On a en outre généralement adopté des lettres inscrites dans un carré, tracées avec un trait épais et uniforme, égal au cinquième de la hauteur du caractère, ce qui devait accroître notablement la lisibilité.

Nous avons dit qu'il y avait lieu de procéder à la recherche de l'acuité visuelle pour une distance éloignée. En pratique, on peut se contenter d'un recul de 5 mètres. Pour une pareille distance, des expériences comparatives ont permis d'établir qu'il était nécessaire de donner au caractère, tracé comme nous venons de l'indiquer, une hauteur de 7 millimètres 1/4, pour avoir un type représentant, en moyenne, l'acuité visuelle normale. Ce qui signifie que, si quelques personnes peuvent lire ce caractère plus loin, d'autres, que l'on considère comme ayant une vue suffisamment bonne, ne le lisent qu'avec quelque peine. Il s'agit plutôt là d'un *minimum* au-dessous duquel nous déclarons la vue défectueuse.

Un caractère de 7 millim. 1/4, vu à la distance de 5 mètres, correspond sensiblement à un angle de 5′ (exactement si l'on prend 7 millim. 27 pour hauteur du caractère). Si l'on considère que deux points pour être différenciés doivent présenter, ainsi que l'expérience l'a démontré, un écartement correspondant à 1′ (ce qui équivaut à une image rétinienne d'un peu plus de 0 millim. 004), l'écartement égal au cinquième de la hauteur totale de la lettre, qui a été aussi donné entre les diverses parties constitutives de celle-ci, est parfaitement justifié. Ainsi le *c* ne se distingue de l'*o* que par l'interruption de la circonférence qui forme l'*o*; c'est cette partie interrompue qui doit mesurer le cinquième de la hauteur de la lettre.

Sachant qu'une lettre de 7 millim. 1/4, tracée comme il est indiqué ci-dessus, représente, à une distance de 5 mètres, la vision normale moyenne, voici comment les échelles d'acuité visuelle, permettant de chiffrer la dépréciation que peut dans certains cas subir la vue, ont été construites. Des séries de caractères de plus en plus grands ont été superposées sur un tableau, de manière à se trouver dans un rapport déterminé de grandeur avec le caractère le plus fin, qui mesure 7 millim. 1/4. Chacune de ces séries porte un numéro qui est l'indication en mètres de la distance à laquelle elle apparaît sous le même angle que la série formée par les lettres de 7 millim. 1/4 vue à 5 mètres, qui, elle, est notée 5. Ainsi des lettres de 14 millim. 1/2 portent le n° 10 ; celles de 29 millim. représentent le n° 20, enfin des lettres de 72 millim. 1/2 correspondent au n° 50, c'est-à-dire que des lettres 2, 4, 10 fois plus grandes que le n° 5 portent un numéro qui équivaut à 2, 4 ou 10 fois 5, tous ces caractères vus à un nombre de mètres égal à leur numéro donnant une image rétinienne d'étendue semblable.

Si le type n° 5 peut être lu à 5 mètres, on a affaire à une acuité visuelle (V) que l'on considère comme normale et qui se chiffre par l'unité V = 1. Lorsque, pour une cause ou une autre, l'œil en expérience ne peut distinguer à 5 mètres que le n° 10, qui devrait pouvoir encore être reconnu jusqu'à 10 mètres, c'est que la vision est réduite dans le rapport de 5 à 10, c'est-à-dire que $V = \frac{5}{10}$ ou $\frac{1}{2}$; si c'est seulement le n° 50 qui dans ces conditions peut être perçu, alors $V = \frac{5}{50}$ ou $\frac{1}{10}$. *Il en résulte que, si le tableau est maintenu à une distance constante de 5 mètres, l'acuité visuelle V se trouve représentée par une fraction dont le numérateur est 5 et le dénominateur le numéro du caractère le plus fin qui peut être distingué à cette distance.*

Dans les *échelles métriques* [1], on a adopté 8 séries de caractères portant les numéros 5, 7.50, 10, 15, 20, 30, 40, 50, en sorte qu'à 5 mètres on a, suivant le caractère qui peut être lu, les acuités visuelles 1, $\frac{2}{3}$, $\frac{1}{2}$, $\frac{1}{3}$, $\frac{1}{4}$, $\frac{1}{6}$, $\frac{1}{8}$, $\frac{1}{10}$, ainsi que l'indique le chiffre qui est tracé sur le côté de chaque ligne de lettres, ce qui suffit pour la pra-

---

1. *Échelle métrique*, par L. de Wecker.

tique. Un plus grand nombre de numéros fournirait une plus grande précision dans la détermination de l'acuité visuelle, mais de pareils tableaux ont l'inconvénient de prolonger l'examen et de fatiguer le malade; c'est le reproche que l'on peut faire à l'échelle de M. Monoyer, qui contient 10 séries de lettres permettant une notation de l'acuité en dixièmes, parfaitement conforme, il est vrai, au système métrique.

Il est d'ailleurs facile de suppléer, dans le but d'obtenir plus de précision, au nombre restreint de séries de caractères dont on dispose, en cessant de tenir le tableau à la distance fixe de 5 mètres, et en l'éloignant du sujet tant que celui-ci reste capable de déchiffrer le caractère qu'il avait pu lire à 5 mètres. *L'acuité visuelle est alors exprimée par le nombre de mètres qui sépare l'œil du tableau, divisé par le numéro qui peut encore être lu à cette distance.* Ainsi, si le n° 30, nettement distingué à 5 mètres, est encore correctement lu à 6 mètres, l'acuité visuelle sera non pas $\frac{5}{30}$ ou $\frac{1}{6}$ mais $\frac{6}{30}$ ou $\frac{1}{5}$.

A côté du tableau dont nous venons de parler, on a réuni également dans les *échelles* une série de morceaux de lectures imprimés avec des caractères de dimensions variées, et qui portent chacun un numéro qui a la même signification que ceux du tableau, c'est-à-dire que, le fragment de lecture étant tenu à la distance de l'œil indiquée par son numéro, chaque caractère représente une image à peu près égale à celle fournie par les lettres du n° 5 du tableau placé à 5 mètres. Dans les *échelles métriques*, il existe ainsi 10 numéros, depuis 5 jusqu'à 0,25. Ces morceaux de lecture ont été réunis sous la forme portative d'un livre, qu'il ne faudrait pas, pour la raison que nous avons déjà exposée, être tenté de prendre pour la détermination de l'acuité visuelle ; le tableau seul doit être réservé à cet usage. Le livre servira à l'examen de la vision rapprochée et particulièrement pour les recherches relatives au jeu de l'accommodation.

Emploi des échelles.

Pour mesurer l'acuité visuelle, le tableau sera tenu à 5 mètres du sujet, de manière à être bien éclairé par le jour d'une fenêtre ; si l'éclairage est insuffisant, ce dont l'expérimentateur se rendra compte immédiatement, en constatant comment il distingue lui-même le tableau, on s'aidera de la lumière fournie par une lampe munie d'un réflecteur. *Le chiffre placé à côté du caractère le plus fin qui peut être lu, indique l'acuité visuelle.* Si l'on veut atteindre une plus grande précision dans la mensuration de l'acuité visuelle, on fera varier la distance du tableau comme nous l'avons indiqué plus haut.

Nous avons dit que l'acuité visuelle devait être déterminée pour une distance minima de 5 mètres ; toutefois il existe des cas où l'on se trouve dans l'obligation de se départir de cette règle. Lorsqu'en effet l'acuité est inférieure à $\frac{1}{10}$, on ne peut arriver à chiffrer celle-ci qu'à la condition de rapprocher le tableau jusqu'à ce que le plus grand caractère, le n° 50, puisse être reconnu. L'acuité visuelle est alors exprimée par une fraction, dont le dénominateur est toujours 50, et le numérateur la distance à laquelle il a été nécessaire de rapprocher le tableau. Ainsi, si l'on a dû placer le tableau à 2 m. 50 pour permettre au malade de lire le n° 50, on aura $V = \frac{2,5}{50}$ ou $\frac{1}{20}$.

Au-dessous de $\frac{1}{40}$, on se fera une meilleure idée

1.

de la dépréciation subie par la vue en abandonnant le tableau, et en recherchant simplement la distance la plus éloignée à laquelle le sujet est capable de compter avec quelque sureté les doigts. On notera alors : Le malade, avec tel œil, compte les doigts à 0 m. 25 ou 0 m. 80, etc.

Si les doigts ne peuvent être distingués à aucune distance, il y a lieu de rechercher la *perception lumineuse*, avant de conclure que la rétine a perdu toute sensibilité et qu'on a affaire à une cécité absolue. Le malade est placé devant une lampe dont on cache et découvre alternativement la flamme, et il doit annoncer immédiatement l'apparition ou la disparition de celle-ci. L'existence d'une perception de la lumière constatée, on recherche la distance la plus éloignée à laquelle le phénomène reste nettement appréciable, et on note que le malade, par exemple, a une perception lumineuse jusqu'à 6 mètres. La constatation de ce vestige de vue n'est pas indifférente, et certaines opérations ne peuvent être entreprises dans des conditions de succès que s'il existe une perception nette de la lumière à plusieurs mètres.

Pour les personnes qui ne savent pas lire, on

fait usage, pour déterminer l'acuité visuelle, de figures facilement définissables, et particulièrement de carrés incomplets dont le côté qui fait défaut est tourné, tantôt dans un sens, tantôt dans l'autre, ce que le sujet doit indiquer par la parole ou simplement du geste. Ces carrés sont formés par un trait large, égal au cinquième de leur hauteur, et tracés d'après les mêmes données que nous avons indiquées pour les lettres, dont ils ont les mêmes dimensions. Le n° 5, représentant à 5 mètres l'acuité normale, est donc formé de carrés de 7 millim. 1/4 de côté, tandis que le n° 50, le plus grand, contient des carrés de 72 millim. 1/2.

Toute anomalie de réfraction, avons-nous dit, doit être préalablement corrigée pour la détermination de l'acuité visuelle ; on peut se demander quelle influence exerce sur les dimensions de l'image les verres correcteurs employés. Disons tout de suite que cette influence peut être en pratique négligée. Pour la myopie et l'hypermétropie axile, si les verres sont tenus à 13 millimètres, c'est-à-dire au foyer antérieur de l'œil, les dimensions de l'image restent même absolument égales à celles de l'emmétrope. Les tableaux d'acuité peuvent donc être utilisés pour toutes les conformations d'yeux.

Détermination de l'acuité visuelle dans les cas de simulation.

Nous verrons plus loin comment, dans tous les cas, la réfraction peut être déterminée objectivement avec l'ophthalmoscope, sans que nous ayons besoin de questionner le sujet; mais, pour se renseigner sur l'acuité visuelle, il en est tout autrement, et nous ne pouvons nous guider que sur les réponses qui nous sont données. Quand il y a lieu de suspecter la bonne foi de la personne examinée, un excellent procédé, non seulement pour reconnaître que l'un des deux yeux n'est pas privé de vision, mais encore pour déterminer l'acuité visuelle de cet œil que l'on prétend être plus ou moins complétement perdu, consiste dans l'emploi des tableaux de Stilling.

Ces tableaux, construits comme ceux qui servent pour l'acuité visuelle, sont formés de caractères en couleur, rouges ou verts, imprimés sur fond noir. Si, faisant usage d'un verre de couleur complémentaire placé devant un œil, l'autre

étant caché, on observe le tableau, on constatera
que les lettres colorées deviennent noires et ne
sont plus distinguées du fond, en sorte qu'aucune
lettre ne pourra être lue, à condition toutefois
que les caractères de couleur ne se différencie-
ront pas du fond par un luisant plus accusé, ce
qui ferait manquer l'expérience.

Donc, si une personne simule la perte complète d'un œil, ou accuse un affaiblissement plus
ou moins considérable de l'un des yeux, on ne
laissera paraître aucune défiance sur la sincérité
du soi-disant borgne, et sous prétexte de rechercher si le bon œil ne laisse au moins rien à désirer dans son fonctionnement, on placera devant cet œil un verre rouge, dans le cas où l'on
fera usage du tableau à lettres vertes, qui sera
tenu à 5 mètres comme les autres tableaux
d'acuité. Les deux yeux étant laissés ouverts on
priera alors le sujet de lire tous les caractères
qu'il pourra ainsi déchiffrer sur le tableau. De cette
façon, le bon œil se trouvera mis hors d'usage, à
l'insu du patient, et il ne pourra plus lire qu'avec
l'œil prétendu perdu ou mauvais ; le caractère
qu'il aura ainsi pu reconnaître indiquera l'acuité
visuelle de cet œil.

NUMÉROTAGE DES VERRES

Notation en pouces.

Les verres les plus communément employés sont des lentilles convexes, ou concaves, que l'on désigne, les premières par le signe +, les secondes par le signe —. Il n'y a encore qu'un petit nombre d'années, le numérotage s'en faisait en pouces, d'après leur foyer : ainsi une lentille convexe, ou concave, n° 36 représentait un verre de 36 pouces de foyer. Prenant comme unité de réfringence la lentille de 1 pouce de foyer, il en résultait, si l'on considère que la puissance d'une lentille est inverse de sa longueur focale, que, par exemple, le verre n° 36 avait une force réfringente exprimée par $\frac{1}{36}$. En sorte que le numéro d'un verre donnait à la fois son foyer et sa valeur réfringente; mais c'était là le seul avantage de ce système de notation, et les inconvénients étaient, outre l'absence d'un intervalle régulier entre les différents verres, d'une part le défaut de concordance des verres suivant les pays, à cause des différences dans la longueur du pied, et d'autre part la difficulté de faire rapidement les petits calculs dont on a constamment besoin dans la pratique et qui consistent à additionner ou à soustraire des verres, ces opérations devant alors porter sur des fractions ordinaires. Aussi avait-on à tout moment à la main la règle à calcul dont étaient munies les boîtes de verres d'essai.

Notation métrique.

L'introduction du système métrique dans le numérotage des verres a réalisé un véritable progrès. Après un long débat, on a enfin admis comme unité de force réfringente la lentille de 1 mètre de foyer, et on l'a désignée sous le nom de *dioptrie*. Si le verre n° 1 correspondait à une lentille de 1 mètre de foyer, le n° 2 devait s'appliquer à un verre de 0 m. 50 de foyer, le n° 4 à un verre de 0 m. 25 de distance focale, etc. La dioptrie constituant un intervalle trop considérable, eu égard aux besoins de la pratique, surtout pour les verres faibles, on a intercalé, par exemple en 1 et 2 dioptries, des verres intermédiaires, mais on a fait usage de fractions décimales; on a eu alors 1,25, 1,50, 1,75. De même, au-dessous de 1 dioptrie, il existe les numéros 0,25, 0,50 et 0,75. Par contre, en arrivant aux verts forts, il a été possible, sans inconvénient, de faire choix de verres allant de 2 à 2 dioptries; ainsi les trois derniers verres des boîtes ordinairement en usage sont les numéros 16, 18 et 20.

Grâce à ce mode de notation, les additions ou soustractions de verres se font avec une extrême facilité. Si l'on additionne deux verres convexes, ou concaves, l'un de 3, l'autre de 2 dioptries, le total est 5 dioptries. Un verre convexe de 3 dioptries, superposé à un verre concave de 2 dioptries, correspond à 1 dioptrie convexe. Où l'on peut rencontrer quelque difficulté, c'est lorsqu'il s'agit de passer d'un nombre de dioptries déterminé à la distance focale correspondante, ou, inversement, d'une longueur focale donnée au numéro équivalent. Si l'on a affaire à un nombre de dioptries, tel que 2 ou 4, ou à une distance focale, comme 0,50 ou 0,25, la chose est fort simple; mais, si l'on se propose de rechercher la longueur focale du verre n° 1,75, il faudra diviser 1 mètre, foyer du n° 1, par 1,75, ce qui donne 0 m. 571. De même, si l'on veut savoir à combien de dioptries correspond un verre de 0 m. 285 de foyer, il faudra encore diviser 1 par 0,285 : soit 3,5 dioptries.

En sorte que, si, par suite de l'emploi du nouveau système, la règle à calcul est devenue inutile, il faut dans nombre de cas recourir à une table (*échelles métriques*) pour trouver tout faits les calculs analogues à ceux que nous venons d'indiquer.

Passage d'un système à l'autre.

Dans la période de transition que nous traversons, l'usage du système métrique étant loin d'être encore général, on a souvent besoin de connaître la concordance qui existe entre les numéros de l'ancien et du nouveau mode de notation. On passera d'un système à l'autre en divisant 37, nombre de pouces contenus dans 1 mètre, et par conséquent numéro ancien correspondant à une dioptrie, par le numéro ancien, ou nouveau, connu. Si, pour simplifier, on adopte le chiffre 36, les calculs deviendront même souvent fort simples : ainsi un 12 en pouces correspondra à un 3 métrique; un 9 métrique représentera un 4 en pouces; le 6 sera le même dans les deux systèmes. Mais il ne s'agit là, bien entendu, que d'une approximation.

On trouvera dans les *échelles métriques* une table où sont indiqués en regard les numéros métriques, leur foyer en millimètres et les numéros anciens notés en pouces correspondants. Cette triple indication placée en regard des verres, dans les nouvelles boîtes d'essai, rend d'ailleurs inutiles les recherches dans la table et constitue un utile perfectionnement.

Les verres cylindriques, dont on fait usage pour la correction de l'astigmatisme, sont aussi numérotés en dioptries, qui représentent la force réfringente pour la direction *perpendiculaire* à l'axe, ces verres dans le sens parallèle à l'axe n'ayant aucune réfringence.

RÉFRACTION DE L'ŒIL

Considérations générales.

Nous devons maintement étudier l'œil au point de vue de son mode de réfraction. Si nous considérons l'œil à l'état de repos, c'est-à-dire supposé dépourvu de toute accommodation, il peut, suivant les cas, se comporter de trois façons différentes pour les rayons parallèles : ou ceux-ci, après s'être réfractés en traversant les divers milieux de l'œil, vont faire foyer exactement sur la rétine, et l'on a affaire à l'œil type, c'est-à-dire *emmétrope ;* ou ces rayons tombent au delà de la rétine et l'œil est *hypermétrope ;* ou enfin ils se réunissent en deçà, et il y a *myopie.*

Avant de nous occuper de chacune de ces trois conformations que peut affecter l'œil, il nous faut définir quelques expressions qui reviendront fréquemment dans le cours de cette étude.

Le *punctum remotum* est le point le plus

éloigné, quelle que soit d'ailleurs sa situation par rapport à l'œil, pour lequel celui-ci puisse s'adapter, ce qui correspond à un relâchement complet de l'accommodation.

Grâce à la force accommodative dont il dispose, l'œil est capable d'accroître sa force réfringente dans une mesure variable, de façon à lui permettre de s'adapter pour des distances plus ou moins rapprochées. Le point le plus rapproché pour lequel un œil est capable de s'adapter représente le *punctum proximum ;* il correspond au déploiement de toute la force accommodative dont dispose l'œil, c'est-à-dire à la mise en jeu de la totalité de son *amplitude d'accommodation.* Celle-ci peut donc être figurée par un certain nombre de dioptries, égal à l'accroissement de force réfringente que l'œil s'est surajoutée.

Lorsqu'un œil déploie progressivement son accommodation, il s'adapte successivement pour une série de points compris entre son *punctum remotum* et son *punctum proximum.* Cette étendue, dans laquelle une adaptation exacte de l'œil est possible, constitue le *parcours d'accommodation.*

EMMÉTROPIE

L'œil emmétrope, avons-nous dit, est un œil qui, au repos de l'accommodation, se trouve dans des conditions de réfringence et de longueur d'axe antéro-postérieur telles, que les rayons parallèles qui tombent sur cet œil vont, après s'être réfractés, précisément faire leur foyer sur la couche sensorielle de la rétine (fig. 1). D'après

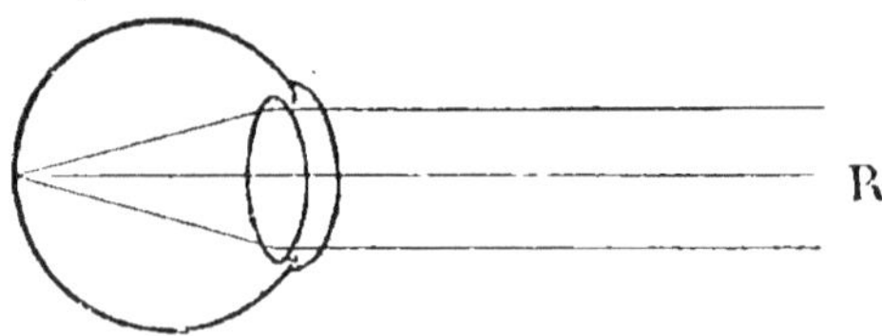

Fig. 1.

cette définition, on conçoit que des yeux exactement emmétropes doivent exister en petit nombre ; mais une conformation sensiblement emmétropique se rencontre fréquemment dans la pratique.

Les rayons qui émanent d'objets situés à quelques mètres pouvant être considérés comme à peu près parallèles, l'œil emmétrope se trouve donc disposé pour voir nettement ces objets sans le moindre travail d'accommodation. Des instillations d'un mydriatique quelconque, ou la paralysie spontanée du muscle ciliaire, n'empêchent donc nullement, chez l'emmétrope, une vision exacte à distance ; l'accommodation ne devenant nécessaire que pour voir nettement de près.

Suivant la définition que nous en avons donnée plus haut, le *punctum remotum*, dans le cas d'emmétropie se trouve ainsi situé à l'infini (R, fig. 1).

Détermination de l'emmétropie.

1° Méthode subjective

Comment reconnaît-on qu'on a affaire à un œil emmétrope? La méthode ordinairement employée consiste à rechercher l'influence exercée sur la vision, par l'emploi des verres convexes ou concaves. S'il s'agissait d'un œil dont l'accommodation ait été préalablement annulée par des instillations répétées d'un mydriatique, il en résulterait que toutes les lunettes convexes ou concaves, ayant pour effet de détruire le parallélisme des rayons émanant d'objets situés au loin, troubleraient la vision ; c'est en effet ce qui arrive.

Mais, dans la pratique, on évite soigneusement de faire usage d'atropine ou autres mydriatiques, ces agents ayant pour effet de troubler à un degré variable la vue de près, et de rendre souvent le travail impossible pendant plusieurs jours, outre qu'ils sont encore susceptibles, dans le cas de prédisposition, de provoquer chez les vieillards une attaque de glaucome ; de telle façon qu'il faut, dans l'examen de la réfraction, tenir compte de l'accommodation, ou du pouvoir qu'a l'œil d'accroître sa réfringence, absolument comme s'il se surajoutait une lentille convexe. On conçoit donc que, si dans ces conditions un emmétrope a toujours sa vue troublée par un verre convexe, il en sera autrement pour les verres concaves faibles qui pourront, le plus souvent, être neutralisés par un effort d'accommodation égal, ce que fait l'œil en quelque sorte instinctivement.

La règle à suivre est donc celle-ci : *un œil jouissant de son accommodation est emmétrope, lorsque la vision au loin est troublée avec les verres convexes, tandis qu'elle ne subit aucune améliora-tion avec les verres concaves.*

Pour se rendre compte de l'action exercée sur la vue par les verres, nous nous servons du même tableau dont on fait usage pour la détermination de l'acuité visuelle. Le sujet est placé à 5 mètres de ce tableau convenablement éclairé, l'œil sur lequel on expérimente étant seul découvert, et on constate d'abord quels caractères peuvent être lus sans le secours d'aucune lunette. Si la dernière ligne peut être reconnue couramment, il est inutile de faire un essai avec les verres concaves, la vue ne pouvant guère être améliorée ; il suffit de constater que le plus faible verre convexe empêche la lecture de la dernière ligne, ou la rend sensiblement plus difficile, pour conclure qu'il y a emmétropie. Mais si une partie seulement du tableau est déchiffrée, le sujet ne lisant pas, par exemple, au delà du n° 10, il sera nécessaire de faire deux essais, l'un avec un verre convexe faible qui empêchera plus ou moins la lecture de cette ligne, l'autre avec un verre concave, qui ne permettra pas de lire d'autres caractères que ceux du n° 10, ou qui même les troublera ; dans ces conditions, on aura encore affaire à un emmétrope.

En opérant de cette façon, c'est-à-dire en ayant soin de tenir le tableau à 5 mètres, on déterminera, en même temps que la réfraction, l'acuité visuelle. Dans notre premier exemple, l'acuité visuelle sera parfaite; dans le second, on aura $V = \dfrac{1}{2}$.

2° MÉTHODE OBJECTIVE.

La présence d'une emmétropie peut encore être constatée à l'aide de l'ophthalmoscope. On aura recours à ce mode d'examen pour contrôler au besoin le résultat obtenu avec les verres et le tableau, particulièrement lorsqu'on expérimente sur un œil dont la vision est faible, de telle façon qu'il n'est guère possible au malade de dire avec quelque sûreté si tel ou tel verre trouble ou améliore la vue. Dans les cas où la vision a souffert au point de ne plus permettre de reconnaître que de gros objets, comme les doigts, à petite distance, ou même s'il y a cécité absolue, c'est l'ophthalmoscope seul qui rendra possible la détermination de la réfraction.

Nous avons dit que l'œil emmétrope était, au repos de l'accommodation, adapté pour des rayons parallèles; inversement, si à l'aide de l'ophthal-moscope on éclaire le fond de l'œil, les divers points éclairés émettront des rayons qui, au sortir de l'organe, prendront une direction parallèle, de telle sorte qu'il se formera à l'infini, c'est-à-dire au *punctum remotum*, une image nette du fond de l'œil (voy. fig. 1). Si donc l'observateur place son œil sur le parcours de ces rayons, et s'il dirige son regard à l'infini, il recevra sur le fond de son œil, en admettant qu'il soit lui-même emmétrope, une image nette de l'œil observé. La pupille de celui-ci ne présentant le plus souvent, si l'on n'a pas fait usage d'un mydriatique, qu'une ouverture plus ou moins étroite, on aura tout avantage à se placer au proche voisinage de l'œil, afin d'embrasser une plus grande étendue. L'image ainsi observée est une *image droite*.

Remarquons que deux conditions seront indispensables pour avoir une image parfaitement précise : d'une part, l'œil observé devra se trouver dans un état de relâchement complet de l'accommodation, d'autre part, l'observateur devra diriger son regard à l'infini, c'est-à-dire annihiler aussi son accommodation d'une manière absolue.

L'exclusion de toute accommodation s'obtient aisément chez l'observé, sans que l'on soit obligé de recourir à un mydriatique, il suffit pour cela de lui ordonner de regarder au loin, mais il n'en est pas de même pour l'observateur. Il faut à celui-ci un certain exercice pour faire abandon de son accommodation, car le commençant a toujours peine à se persuader qu'il ne doit pas regarder l'œil qu'il veut voir, mais bien diriger son regard à l'infini, point où se forme l'image.

Quand il a acquis cette habitude en s'exerçant d'abord sur l'œil artificiel, et ensuite en examinant un grand nombre d'yeux préalablement reconnus emmétropes, l'observateur doit s'assurer, pour se convaincre qu'il a en réalité bien affaire à un emmétrope, qu'il n'est pas obligé, à son insu, de mettre en jeu une quantité variable de force accommodative, c'est-à-dire que les rayons émanant de l'œil observé et qui pénètrent dans le sien sont véritablement bien parallèles. Pour cela, il sera nécessaire de glisser derrière l'ophthalmoscope un faible verre convexe, par exemple 0,50 dioptrie, et de recommencer un nouvel examen, dans lequel on reconnaîtra que, si complet que soit le relâchement que l'on donne à son accommodation, on n'obtient qu'une image trouble.

On ne pourra donc déclarer qu'un œil est emmétrope qu'à la condition d'avoir fait deux examens ophthalmoscopiques : un premier avec le simple miroir pour constater la possibilité d'obtenir une image nette, et un second avec l'ophthalmoscope muni d'un verre convexe pour reconnaître que l'image devient trouble. Ce mode d'examen a la plus grande analogie avec celui que l'on pratique à l'aide du tableau d'acuité visuelle et des lunettes, avec cette différence que c'est l'observateur qui fait sur son propre œil l'essai des verres, et que c'est l'image du fond de l'œil observé qui remplace le tableau.

Il est bien entendu que, si l'observateur n'était pas lui-même emmétrope, il devrait préalablement pour cette détermination corriger le degré d'amétropie dont il est atteint, à l'aide des verres dont sont munis les ophthalmoscopes à réfraction.

Punctum proximum.

Le *punctum proximum* d'un œil se trouve situé à une distance variable de celui-ci, suivant la force accommodative dont il dispose. L'amplitude d'accommodation décroissant graduellement avec l'âge, le punctum proximum tendra donc à s'éloigner avec les années. Le procédé le plus simple pour déterminer le punctum proximum d'un œil, consiste à rechercher la plus courte distance à laquelle il peut voir nettement un fin caractère, par exemple le n° 1 des échelles métriques, et à mesurer avec un mètre la distance qui sépare l'œil du livre ; si l'on trouve 0 m. 20, on dira que le punctum proximum est situé à 0 m. 20.

On peut aussi faire usage pour le même but d'un petit cadre sur lequel sont tendus parallèlement des crins. On rapproche ce cadre le plus près possible de l'œil, tant que les crins restent nets et ne se dédoublent pas. Ce moyen peut surtout être utilisé chez des personnes qui ne savent pas lire.

Pour l'exactitude de cette détermination, il est nécessaire que le sujet dispose d'une bonne acuité usuelle ; si la vision est notablement altérée, et qu'on ait affaire à $V = \dfrac{1}{4}$, par exemple, le sujet ne pourra lire qu'un gros caractère, et il lui sera fort difficile d'indiquer le point précis en

2.

deçà duquel les caractères se troublent davantage, ceux-ci n'ayant à aucune distance
une précision parfaite. Dans ces conditions, on
n'obtiendra donc qu'approximativement l'emplacement du punctum proximum.

D'autre part, l'acuité usuelle étant parfaite, il
faut encore qu'une suffisante amplitude d'accommodation permette une vision nette de près,
pour que le sujet puisse aisément lire un petit
caractère et indique avec précision son punctum
proximum. Si l'accommodation est trop affaiblie,
il éloignera le livre sans arriver à lire le n° 1, ou
il le verra si imparfaitement qu'il rentrera dans
le cas d'une personne ayant une acuité visuelle
défectueuse. Le punctum proximum peut néanmoins ici être exactement déterminé. Pour cela,
il suffira de suppléer à l'insuffisance de l'accommodation, en faisant usage d'un verre d'une
valeur connue, que l'on placera devant l'œil en
expérience et que l'on choisira par tâtonnement,
de façon à permettre une vision nette de près.
Supposons que, pour obtenir chez un emmétrope
un punctum proximum à 0 m. 25, on ait dû employer un verre de 3 dioptries. Si cet emmétrope
pour voir à 0 m. 25 n'avait mis en jeu que sa

seule force accommodative, il aurait fait un effort d'accommodation égal à 4 dioptries (voy. plus bas); mais on l'a aidé de 3 dioptries, il n'a donc déployé en réalité que 1 dioptrie d'accommodation, et son punctum proximum est par conséquent à 1 mètre.

Quant au *parcours d'accommodation*, il s'étend chez l'emmétrope depuis l'infini, siège du punctum remotum, jusqu'à un point plus ou moins rapproché de l'œil, correspondant au punctum proximum.

Mesure de l'amplitude d'accommodation.

L'amplitude d'accommodation, acquérant tout son développement lorsque l'œil est adapté pour son punctum proximum, il suffit chez l'emmétrope de connaître l'emplacement de ce point, pour en déduire l'amplitude d'accommodation. Si le punctum proximum d'un emmétrope est à 0 m. 20, l'amplitude d'accommodation équivaut à 5 dioptries (A = 5), car c'est la lentille convexe 5 qui fait converger à 0 m. 20 des rayons parallèles, pour lesquels l'œil emmétrope est seulement adapté lorsqu'il n'use pas de son accommodation. On en aurait la démonstration en paralysant l'accommodation par des instillations répétées d'un mydriatique; on trouverait que, dans le cas que nous avons supposé, il faudrait faire usage d'un verre convexe 5 pour permettre de nouveau à cet œil de voir à 0 m. 20, ainsi qu'il avait pu le faire primitivement.

L'amplitude d'accommodation chez l'emmétrope est donc égale à une lentille convexe d'un foyer équivalent au punctum proximum.

Lorsque, comme nous le supposions plus haut, le *punctum proximum* ne peut être déterminé qu'avec le secours d'un verre convexe, il faut, bien entendu, pour obtenir l'amplitude d'accommodation, soustraire la valeur de ce verre. Ainsi, supposons un œil emmétrope dont le punctum proximum a été trouvé à 0 m. 25, grâce à l'emploi d'un verre convexe 1,50; si l'œil avait fait usage de sa seule force accommodative, on aurait A = 4, mais on a aidé l'accommodation de 1,50 dioptrie, on a donc en réalité A = 4 — 1,50, c'est-à-dire A = 2,50. Si pour obtenir le punctum proximum à 0 m. 25 on avait dû recourir à un verre convexe 4, A deviendrait égal à 0, c'est-à-dire qu'il y aurait paralysie complète de l'accommodation.

Dans le cas où l'on voudrait apporter à ces calculs une rigueur absolue, il faudrait mesurer le *punctum proximum* à partir d'un point correspondant au centre optique, ou point nodal de l'œil, que nous supposerons situé à 5 millimètres en chiffres ronds en arrière de la cornée. Il serait aussi nécessaire, lorsque l'on doit s'aider d'un verre convexe, de tenir compte de la distance qui sépare ce verre de l'œil sur lequel on expérimente. Ainsi, dans la paralysie complète de l'accommodation chez l'emmétrope que nous avons supposée tout à l'heure, un verre convexe 4 placé à 1 centimètre de la cornée fournirait un punctum proximum, distant de 260 millimètres de l'œil, assez peu différent il est vrai, au point de vue pratique, de 250 millimètres. On voit donc la nécessité, dans ces déterminations, de tenir les verres auxquels on est obligé d'avoir recours, aussi près que possible de l'œil en expérience.

L'amplitude d'accommodation ne résulte pas seulement de la puissance du muscle ciliaire, elle dépend aussi de l'élasticité du cristallin; or, celui-ci perdant progressivement sa souplesse avec l'âge, il arrive en conséquence que l'amplitude d'accommodation décroît graduellement d'année en année. Si la force accommodative est représentée par un chiffre essentiellement variable suivant les années chez le même individu, il faut noter qu'elle est sensiblement égale chez des personnes du même âge, et cela quelle que soit la réfraction de l'œil observé. Il a donc été possible de dresser des tableaux représentant l'amplitude d'accommodation aux divers âges, ces chiffres étant applicables à toutes les conformations d'yeux. Le tableau suivant, emprunté à Donders, représente de cinq en cinq ans l'amplitude d'accommodation correspondante, depuis dix ans jusqu'à soixante-quinze ans, où toute accommodation disparaît :

A 10 ans, A équivaut à.................. 14 dioptries.
15   —   12   —
20   —   10   —
25   —   .... 8,50 —
30   —   7   —
35   —   .... 5,50 —
40   —   .... 4,50 —
45   —   .... 3,50 —
50   —   .... 2.50 —
55   —   .... 1,75 —
60   —   1   —
65   —   .... 0,75 —
70   —   .... 0,25 —
75   —   0   —

Pour se rendre compte si un œil possède une amplitude d'accommodation normale, il sera donc nécessaire de s'enquérir de l'âge du sujet et de comparer avec le chiffre fourni par le tableau précédent.

Si l'un des deux yeux jouissait d'un fonctionnement parfaitement régulier, le contrôle pourrait aussi très sûrement être établi en déterminant l'amplitude d'accommodation de l'œil sain et en comparant avec le résultat donné par l'œil supposé malade.

Presbytie.

Dans aucun cas un emmétrope n'a besoin de lunettes pour voir au *loin*; mais, pour la vision de *près*, il en est autrement. Lorsqu'un emmétrope ne dispose plus que de 3,50 dioptries d'accommodation, c'est-à-dire quand il a atteint quarante-cinq ans, un travail ne peut être longtemps soutenu sur de petits objets sans qu'il ressente une certaine fatigue qui l'oblige à augmenter la distance à laquelle il travaille, ou même à suspendre l'application des yeux. A ce moment, l'emmétrope devient *presbyte*, et, bien que son punctum proximum soit encore à 285 millimètres (foyer de la lentille 3,50 dioptries), distance permettant de voir nettement de fins objets, on conçoit qu'il ne peut ainsi mettre en jeu toute sa force accommodative sans que la fatigue survienne plus ou moins rapidement. A un âge plus avancé, le défaut d'accommodation s'accuse davantage, et la lecture devient de plus en plus difficile et même impossible, malgré l'éloignement que le presbyte donne à son livre.

Pour remédier à la presbytie et faire cesser la fatigue des yeux qui en résulte (*asthénopie accommodative*), on a recours aux verres convexes. De même qu'on a déterminé l'amplitude d'accommodation pour chaque âge, il a été facile d'indiquer dans un autre tableau ce qu'il fallait rendre artificiellement de force accommodative, chez un presbyte d'un âge donné, pour remédier au défaut d'accommodation. Les chiffres ont même pu être simplifiés, sans inconvénient pour la pratique, au point qu'ils peuvent être mis très aisément en mémoire. Ainsi il suffit de retenir qu'à quarante-cinq ans la presbytie est corrigée avec 0,50 dioptrie, et que tous les cinq ans il est nécessaire d'ajouter une demi-dioptrie pour contre-

balancer l'accroissement progressif de la presbytie. On a ainsi le tableau suivant :

45 ans.....................	0,50 dioptrie.
50 —	1 —
55 —	1,50 —
60 —	2 —
65 —	2,50 —
70 —	3 —
Etc.	

En résumé, quand on a reconnu un sujet emmétrope, on sait que des lunettes sont seulement
nécessaires pour la vision rapprochée à partir de
quarante-cinq ans. Il n'y a alors qu'à s'informer
de l'âge pour être renseigné sur le numéro des
verres convexes à prescrire. Toutefois il est bon
de faire l'essai de ces verres, car les chiffres du
tableau précédent ne sont pas d'une précision
absolue; ils fournissent seulement une indication
approximative. On placera donc les verres dans
la monture d'essai, et, si l'acuité visuelle est parfaite, on s'assurera que le n° 1 du livre peut être
lu à 25 ou 30 centimètres. Si cette lecture n'était
pas possible, il ne faudrait pas hésiter à augmenter quelque peu le numéro des lunettes,
l'amplitude d'accommodation se trouvant alors
plus faible qu'elle n'est habituellement chez des
personnes du même âge.

Masselon.   3

HYPERMÉTROPIE

Dans l'œil hypermétrope, en l'absence de toute
accommodation, les rayons parallèles, au lieu de
faire leur foyer sur la rétine, comme chez l'emmétrope, vont se réunir au delà de cette membrane et ne produisent sur celle-ci que des
cercles de diffusion. En sorte que chez un hypermétrope privé d'accommodation, comme il arrive
après l'emploi de l'atropine ou d'un autre mydriatique, aucune vision nette n'est possible, ni à
distance, ni à plus forte raison de près. C'est
donc surtout chez les hypermétropes qu'il im-
portera de n'user des mydriatiques qu'autant
qu'il y aura absolue nécessité, si l'on ne veut
mettre parfois le patient dans un état fort gênant
pour lui.

Les rayons parallèles, disons-nous, ne font
leur foyer, dans le cas d'hypermétropie, qu'en
un point situé au delà de la rétine. Ceci tient

habituellement à la brièveté de l'axe antéro-postérieur de l'œil *(hypermétropie axile)*; il est plus rare que ce mode de réfraction résulte d'un défaut de réfringence des parties antérieures de l'œil et particulièrement d'un aplatissement de la cornée *(hypermétropie de courbure)*, comme on le rencontre parfois à la suite d'affections de cette membrane.

Le manque de développement de l'axe antéro-postérieur de l'œil hypermétrope peut quelquefois se reconnaître à la simple inspection de l'organe. Les yeux paraissent enfoncés dans l'orbite, et, au lieu de montrer la courbure habituelle, ils semblent plats ; mais ces caractères ne sont sensibles que dans les hauts degrés d'hypermétropie.

L'œil hypermétrope, dénué d'accommodation, aurait besoin, pour réunir sur sa rétine des rayons parallèles, d'une plus grande réfringence. Des rayons ne peuvent faire leur foyer sur la rétine d'un œil hypermétrope, sans le secours de l'accommodation, qu'à condition que ces rayons pénètrent dans l'organe avec un certain degré de convergence, variable suivant l'hypermétropie. Nous pouvons donc dire que l'œil hypermétrope est un œil qui, à l'état de repos, est

adapté (fig. 2) pour des rayons convergents, ou,
si l'on veut, pour un point situé au delà de l'infini, de pareils rayons ne s'observant pas dans
les conditions ordinaires. Si nous prolongeons
ces rayons, ils vont se réunir en arrière de l'œil,
de telle manière que l'on peut encore définir
l'œil hypermétrope un œil adapté pour un point
situé en arrière de lui, c'est-à-dire dans des
conditions où la vision n'est pas possible.

Le *punctum remotum* correspondant au point

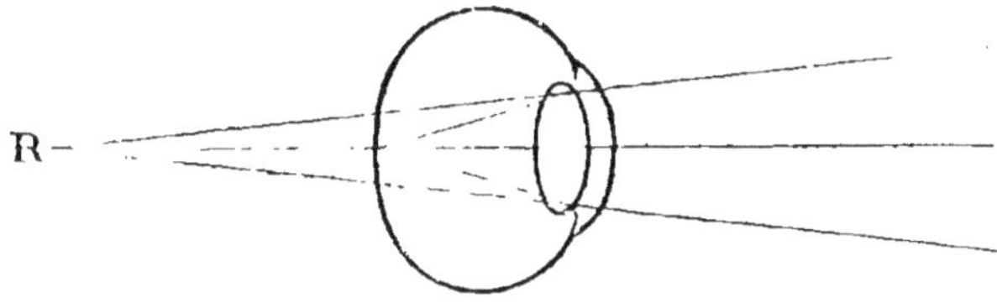

Fig. 2.

d'adaptation de l'œil en l'absence de toute accommodation, il en résulte que le punctum remotum
chez l'hypermétrope *est toujours situé en arrière
de l'œil*, ou mieux du point nodal (centre optique),
à une distance d'autant plus voisine de ce point
que l'hypermétropie est plus forte (R, fig. 2).
Ainsi, dans un cas donné, nous pouvons avoir le
punctum remotum à 0 m. 25 en arrière de l'œil,
ce qui signifie que l'hypermétropie est telle, que

des rayons, pour faire foyer sur la rétine, doivent aborder cet œil avec la convergence voulue pour que, si on les prolonge, ils se réunissent à 0 m. 25 en arrière de l'œil.

Corriger une anomalie quelconque de réfraction, c'est ramener, avec le secours d'un verre, l'œil aux conditions de l'emmétropie, c'est-à-dire l'adapter pour des rayons parallèles. Or, quels sont les verres qui donnent à des rayons parallèles une direction convergente, les rayons convergents étant les seuls qui peuvent se réunir sur la rétine d'un œil hypermétrope? Ce sont évidemment des lentilles convexes. L'hypermétropie est donc toujours corrigée par un verre convexe. Dans l'exemple cité plus haut, le verre convexe qui corrigerait l'hypermétropie serait une lentille de 4 dioptries, car c'est ce verre qui donne à des rayons parallèles une direction telle qu'ils vont se réunir à 0 m. 25, foyer de la lentille 4.

Ainsi, dire qu'un œil a une hypermétropie H = 4, cela signifie, d'une part, que cet œil rentre dans les conditions d'un œil emmétrope avec un verre + 4, c'est-à-dire qu'il devient capable de voir nettement au loin sans le secours de l'accommodation, d'autre part, que cet œil, dépourvu de verre et d'accommodation, est adapté pour des rayons d'une convergence telle, que, prolongés, ces rayons vont se réunir à 0 m. 25 au delà du point nodal, autrement dit que le *punctum remotum* est situé à 0 m. 25 en arrière.

Lorsque nous disons qu'une hypermétropie est corrigée par un verre convexe d'un foyer égal au *punctum remotum*, cela n'est pas absolument vrai, car il faudrait admettre pour une exactitude rigoureuse que le verre puisse être placé dans l'œil au point nodal. La lentille devant toujours être tenue à une certaine distance en avant de l'œil, il en résulte que, pour faire converger des rayons parallèles en un point correspondant au *punctum remotum*, les verres convexes nécessaires devront être d'autant plus faibles qu'on les tiendra plus loin de l'œil. En sorte que, chez un hypermétrope, l'anomalie de réfraction se trouvera toujours corrigée par un verre plus faible que n'est en réalité l'hypermétropie.

Cette différence s'accusera particulièrement dans les hauts degrés d'hypermétropie. Ainsi, soit un œil hypermétrope dont le *punctum remotum* est à 0 m. 20 et dont l'hypermétropie correspondrait à un verre + 5. Si la lentille correctrice est tenue à 0 m. 045 de l'œil, c'est-à-dire à 0 m. 050 du point nodal (celui-ci étant supposé éloigné de 5 millimètres de la cornée), la distance qui sépare le verre du *punctum remotum* devient 0 m. 25, et il en résultera que cette hypermétropie se trouvera corrigée seulement avec un verre + 4.

Détermination de l'hypermétropie.

1° MÉTHODE SUBJECTIVE.

Comment, à l'aide de la boîte de verres et des échelles, peut-on reconnaître l'hypermétropie? Cette anomalie de réfraction sera démontrée chaque fois que l'*interposition d'un verre convexe devant l'œil ne trouble pas la vision, ou à plus forte raison lorsque ce verre l'améliore*. Il est évident que, si l'on avait fait usage d'instillations d'un mydriatique puissant, de façon à paralyser complètement l'accommodation, un seul verre permettrait au loin la meilleure vue possible : ce serait celui qui correspondrait à l'hypermétropie; mais on ne procède pas ainsi, et, dans les conditions habituelles, si l'hypermétropie n'est pas trop forte et si d'autre part l'accommodation est suffisante, l'hypermétrope corrige lui-même son hypermétropie par un déploiement de force accommodative équivalent. Ainsi, si l'on à H = 2, l'hypermétrope fait une dépense d'accommodation égale à 2 dioptries et lit le tableau placé à 5 mètres avec la même facilité que le ferait un emmétrope.

En sorte que, si l'on se contentait de faire lire le tableau à la distance ordinaire, on n'apprendrait rien sur la réfraction de l'œil examiné. Ce dont il faut s'assurer, c'est que cette lecture n'est faite qu'avec le secours de l'accommodation ; on en aura la démonstration en plaçant un verre convexe faible (pour ne pas dépasser le degré de l'hypermétropie encore inconnu) devant l'œil, soit un verre $+$ 0,50. L'accommodation se trouvera alors soulagée d'autant ; dans l'exemple précédent d'une hypermétropie 2, le sujet, au lieu de faire une dépense accommodative égale à 2 dioptries, ne mettra plus en jeu que 1,50 d'accommodation et continuera à lire avec la même facilité. Ainsi la condition suffisante pour qu'il y ait hypermétropie, c'est que le sujet puisse lire sur le tableau placé à 5 mètres (afin qu'on n'ait affaire qu'à des rayons parallèles) les mêmes caractères sans verre, ou avec un verre convexe.

Si l'hypermétropie est forte, ou l'accommodation affaiblie, il arrive que celle-ci ne suffit pas à corriger la première, et qu'une amélioration de la vue se produit dès qu'on interpose un verre convexe. Dans ces conditions, l'hypermétropie est encore plus amplement démontrée.

Dès qu'on a reconnu l'existence d'une hypermétropie, pour en déterminer le degré, le chemin est tout tracé : il suffit de placer devant l'œil en expérience des verres convexes de plus en plus forts, de façon à remplacer par un verre l'accommodation que déploie l'œil pour corriger son hypermétropie, ainsi que cela arrive le plus souvent, du moins dans les degrés peu élevés d'hypermétropie qui sont les plus fréquents. A chaque essai d'un nouveau verre, on s'assurera que la vision n'est pas diminuée, ou même qu'elle est améliorée. *Le verre convexe le plus fort, permettant la meilleure vue possible, correspond à l'hypermétropie.*

Pour être assuré qu'on a atteint ce but, il faut le dépasser, et ne s'arrêter dans l'essai de verres de plus en plus forts que lorsqu'on est arrivé à un verre qui trouble la vue. Le verre précédent était bien alors celui qu'on se proposait de chercher.

3.

En même temps que se fait cet examen de réfraction, *l'acuité visuelle* se trouve aussi mesurée. Si à 5 mètres, distance à laquelle est placé le tableau, le sujet a pu lire la dernière ligne, ce qui dans un certain nombre de cas n'est obtenu qu'après correction de l'hypermétropie, l'acuité visuelle est parfaite; sinon elle est réduite dans la proportion de la fraction qui est notée sur le côté de la ligne la plus fine qui a pu être déchiffrée à cette même distance de 5 mètres.

Nous avons dit que, dans la détermination de l'hypermétropie, il fallait, tout en conservant la meilleure vision, rechercher le verre convexe le plus fort que pouvait supporter l'œil. On se propose ainsi, dans ces examens où l'on ne fait aucun usage préalable des mydriaques, d'obtenir la plus grande détente possible de l'accommodation. Mais, particulièrement chez les jeunes sujets, on n'arrive pas ainsi à éliminer toute accommodation, malgré l'emploi de verres n'excédant pas en réalité l'hypermétropie. Une partie de celle-ci reste obstinément corrigée par une dépense équivalente de force accommodative, et les verres sont refusés, comme troublant la vue avant qu'on ait atteint le véritable degré de l'hypermétropie.

En procédant de la façon que nous venons d'indiquer, c'est-à-dire sur des yeux jouissant de leur accommodation, le résultat que l'on obtient ne donne pas dans nombre de cas toute l'hypermétropie, mais seulement l'*hypermétropie manifeste*, que l'on désigne par Hm. Ainsi, lorsque l'on n'a fait usage d'aucun mydriatique, si le verre $+ 2$ est le verre le plus fort avec lequel le sujet a le mieux lu, on écrira Hm $= 2$.

Si l'on voulait obtenir la mesure exacte du véritable degré d'hypermétropie, c'est-à-dire l'*hypermétropie totale*, que l'on désigne par Ht, il faudrait de toute nécessité faire, en les espaçant suffisamment, plusieurs instillations préalables d'un mydriatique puissant (atropine ou duboisine) et recommencer l'expérience, l'accommodation étant alors paralysée, de la même manière que nous venons de l'indiquer. Dans ces conditions, après avoir trouvé Hm $= 2$, nous pourrions obtenir, par exemple, Ht $= 3$.

Quant à l'*hypermétropie latente* (Hl), elle représente la portion d'hypermétropie que l'œil, jouissant de son accommodation, corrige avec une dépense égale de force accommodative, en dépit de l'emploi des verres convexes. Elle correspond donc à la différence qui existe entre Ht et Hm. Ainsi, dans l'exemple précédent, nous aurons $Hl = 1$.

A l'âge où toute accommodation disparaît, c'est-à-dire à soixante-quinze ans, il n'y a plus de distinction à faire, et ce que l'on obtient est toujours l'hypermétropie totale. A un âge moins avancé même, l'hypermétropie manifeste et l'hypermétropie totale tendent déjà à se confondre; mais il n'en est plus ainsi chez de jeunes sujets, où l'hypermétropie latente est d'autant plus considérable que la somme d'accommodation est plus forte, c'est-à-dire que l'individu est plus jeune. Chez des enfants, il se présente même que les verres convexes les plus faibles sont rejetés comme troublant la vision, alors qu'il existe, en réalité, ainsi qu'on peut s'en convaincre après l'emploi des mydriatiques, une hypermétropie totale égale à 1 ou 2 dioptries, parfois même davantage, toute l'hypermétropie se trouvant alors latente. Ainsi, tandis que l'hypermétropie totale reste sensiblement la même, sauf toutefois après la cinquantaine, où elle tend quelque peu à s'accroître, l'hypermétropie manifeste augmente graduellement avec l'âge et se rapproche insensiblement de l'hypermétropie totale.

Si l'on voulait déterminer l'hypermétropie totale, il serait donc indispensable le plus souvent de
recourir aux mydriatiques, ce qui serait fâcheux,
à cause du besoin impérieux d'accommodation
propre à l'hypermétrope; mais fort heureusement,
ainsi que nous le verrons plus loin, ce qui nous
est nécessaire pour le choix des verres, c'est de
connaître seulement l'hypermétropie manifeste.

La constatation d'une hypermétropie par l'emploi des verres et du tableau réclame, pour obtenir
quelque précision, que le sujet dispose d'une
acuité visuelle, telle qu'il puisse nettement apprécier les moindres modifications que des verres
un peu plus, ou un peu moins forts, produisent
sur sa vision. Au-dessous d'une acuité $\frac{1}{10}$, les
résultats deviennent très indécis. Il faut en outre
que l'intelligence du sujet et sa bonne volonté
permettent l'examen, ce que l'on ne peut pas
toujours réclamer des enfants. Dans un certain
nombre de cas, on se trouverait donc désarmé,
si l'on ne disposait d'un autre moyen que fournit
l'ophthalmoscope pour déterminer l'hypermétropie. Ce second procédé consiste dans l'examen
à l'image droite du fond de l'œil.

2° MÉTHODE OBJECTIVE.

Un œil hypermétrope, avons-nous dit, est adapté, au repos de l'accommodation, pour des rayons qui viendraient de son *punctum remotum;* inversement, si à l'aide de l'ophthalmoscope on éclaire le fond d'un œil hypermétrope, les rayons qui partent des points éclairés sortent de l'œil avec une divergence telle, que, prolongés, ils vont se réunir au *punctum remotum,* où ils forment une image nette du fond de cet œil (voy. fig. 2). Ainsi, en admettant une hypermétropie de 5 dioptries, l'image se formera à 0 m. 20 en arrière du point nodal. Si donc nous supposons un observateur emmétrope placé très près de l'œil en expérience, il verra nettement l'image (droite) en regardant environ à 0 m. 20 devant lui, autrement dit en faisant un effort d'accommodation de 5 dioptries, précisément égal à l'hypermétropie de l'œil exa-miné.

En réalité, la distance qui sépare l'œil de l'observateur de l'image est plus grande que 0 m. 20, puisqu'il faudrait y ajouter l'intervalle compris entre le point nodal de l'œil examiné et celui de l'œil examinant, en sorte que, si cet intervalle mesurait 0 m, 05, on se trouverait à 0 m. 25 de l'image, et un effort d'accommodation de 4 dioptries suffirait pour voir nettement le fond de cet œil hypermétrope de 5 dioptries.

Nous avons déjà vu que, à cause de l'intervalle nécessairement compris entre un œil hypermétrope et les lunettes dont il fait usage, une hypermétropie était toujours corrigée par un verre plus faible que celle-ci; de manière que, si l'on admet que l'observateur se place très près de l'œil examiné, on pourra considérer que la dépense d'accommodation nécessaire pour voir nettement l'image droite équivaudra sensiblement au verre qui corrigera l'hypermétropie. D'ailleurs la distance comprise entre l'œil examinant et l'examiné ne prend d'importance que si l'hypermétropie est forte. Dans le cas contraire, 2 ou 3 centimètres de plus ne signifient à peu près rien.

Ainsi, admettons même une hypermétropie de 2 dioptries, l'image se forme à 0 m. 50; il faudrait dans ce cas que l'intervalle compris entre le sommet de la cornée de l'œil examiné et celui de la cornée de l'examinateur fût porté jusqu'à 6 centimètres pour que, en y joignant 1 centimètre pour les intervalles compris entre la cornée et le point nodal de chaque œil, l'image se trouvât reculée jusqu'à 57 centimètres, distance qui ne correspondrait plus qu'à 1,75 dioptrie. En résumé, l'erreur serait de 1/4 de dioptrie sur le véritable degré d'hypermétropie, mais moindre encore sur le verre à employer pour la correction de cette hypermétropie.

Quel que soit le degré de l'hypermétropie, une image nette ne peut être obtenue dans un examen à l'image droite (avec le simple réflecteur ophthalmoscopique) qu'à la condition que l'observateur mette en jeu son accommodation. On aura la démonstration que l'on a usé d'une certaine force accommodative et que par suite il existe une hypermétropie, chaque fois qu'après avoir placé derrière le trou du miroir un faible verre convexe, par exemple $+ 0,50$ dioptrie, on pourra avoir une image également nette, l'observateur réduisant alors la dépense d'accommodation qui lui était nécessaire de 0,50 dioptrie.

En résumé, tout œil dont le fond peut être vu nettement à l'image droite avec le miroir muni d'un verre convexe est un œil hypermétrope.

Nous admettons, bien entendu, que l'observa-

teur est emmétrope, car, s'il en était autrement,
il devrait tenir compte de son amétropie. Ainsi, si
un observateur hypermétrope de 2 dioptries peut
voir nettement le fond d'un œil avec $+$ 2,50,
ou si un myope également de 2 dioptries est
capable de faire le même examen avec un
verre concave de 1,50 dioptrie ($- 2 + 0,50$
$= - 1,50$), c'est que l'œil examiné a une hypermétropie d'au moins 0,50 dioptrie.

Nous avons dit que, dans cet examen à l'image
droite d'un œil hypermétrope, l'observateur
(emmétrope), s'il se tenait très près de l'œil examiné, devait faire un effort d'accommodation
sensiblement égal à l'hypermétropie. *Donc, si
l'on remplace l'accommodation déployée pour l'ob-
tention d'une image nette par un verre convexe égal,
on aura la mesure de l'hypermétropie.*

Le procédé pour déterminer l'hypermétropie
avec l'ophthalmoscope, consistera donc à faire
passer derrière le trou de celui-ci des verres convexes de plus en plus forts, tant que par une
détente équivalente de l'accommodation l'image
conservera une précision parfaite. Le premier
verre qui, malgré le relâchement le plus complet de l'accommodation chez l'observateur, trou-

blera l'image, indiquera que l'on a passé le but, et que le verre précédent était celui qui correspondait à l'hypermétropie.

Ce que l'on obtient ainsi est l'*hypermétropie totale*, car le sujet placé dans la chambre obscure et dirigeant son regard au loin ne fait pas intervenir son accommodation. C'est là une circonstance heureuse, car, tandis que l'hypermétropie manifeste est déterminée avec les lunettes et le tableau, l'hypermétropie totale peut être établie avec précision, grace à l'ophthalmoscope et sans le secours des mydriatiques.

Dans cette détermination de l'hypermétropie avec l'ophthalmoscope, nous sommes à l'abri des réponses inexactes du sujet à examiner. C'est l'observateur qui fait sur son propre œil l'essai des verres, et il se laisse conduire pour le choix de ceux-ci par la netteté de l'image du fond de l'œil en expérience, qui tient alors lieu du tableau sur lequel on se guidait pour se renseigner sur l'influence produite sur la vision par les lunettes.

Amplitude d'accommodation et punctum proximum.

Le *punctum proximum* se trouve chez l'hypermétrope à une distance variable de l'œil, d'autant plus éloignée pour une même somme d'accommodation que l'hypermétropie est plus forte. On en détermine le siège de la façon que nous avons indiquée pour l'emmétrope (voy. p. 29). Plus souvent encore que pour l'œil type, on est obligé de recourir à l'emploi de verres convexes, pour aider l'accommodation trop faible et déterminer avec précision le point occupé par le punctum proximum, comme on le verra tout à l'heure.

Connaissant l'hypermétropie et le punctum proximum d'un œil, il est toujours facile d'en conclure *l'amplitude d'accommodation*. Soit un œil hypermétrope de 2 dioptries dont le *punctum proximum* est à 0 m. 25. Si cet œil était emmétrope, l'amplitude d'accommodation serait égale à 4 dioptries; mais il s'agit d'un œil qui, pour se mettre dans les conditions d'un emmétrope, c'est-à-dire pour s'adapter aux rayons parallèles, doit tout d'abord faire une dépense d'accommodation égale à 2 dioptries; il en résulte donc que la totalité de l'accommodation dépensée par cet œil pour voir jusqu'à 0 m. 25 équivaut à 4 + 2 ou 6 dioptries (A = 4 + 2 = 6).

L'amplitude d'accommodation, chez l'hypermétrope, est donc égale à un nombre de dioptrics représentant une lentille convexe d'un foyer correspondant au punctum proximum, augmentée de l'hypermétropie.

Particulièrement chez l'hypermétrope, il se présentera que, pour déterminer l'amplitude d'accommodation, on se trouvera dans la nécessité de s'aider d'un verre convexe, dont on fera choix par tâtonnement, de façon à obtenir un *punctum proximum artificiel,* le sujet, malgré une bonne acuité, n'étant pas capable, à cause de l'insuffisance de son accommodation, de lire le caractère le plus fin du livre des échelles, ou ne le faisant qu'imparfaitement, de telle manière que les caractères ne se présentent avec netteté à aucune distance. Dans ce cas, le calcul se fera comme ci-dessus, en supposant d'abord qu'il s'agit du véritable punctum proximum; mais du résultat on retranchera, bien entendu, le verre que l'on a dû placer devant l'œil.

Ainsi, dans notre exemple précédent, si, pour

obtenir le punctum proximum à 0 m. 25 on avait fait usage d'un + 1. 50, on aurait A = 4 + 2 — 1,50 = 4,50. Si l'on avait été dans la nécessité d'aller jusqu'à un verre + 6 pour trouver à la même distance de 0 m. 25 le punctum proximum, l'amplitude d'accommodation serait nulle, A = 4 + 2 — 6 = 0.

Pour éliminer autant que possible l'inexactitude produite par l'intervalle qui sépare du point nodal le verre auxiliaire, surtout lorsque celui-ci doit être un peu fort, il sera nécessaire de tenir ce verre le plus près possible de l'œil sur lequel on expérimente.

L'amplitude d'accommodation étant connue ainsi que l'hypermétropie, on trouvera aisément, dans tous les cas, le *punctum proximum*. Il faudra seulement se souvenir que, si la somme de force accomodative le permet, une partie de l'accommodation, égale à l'hypermétropie, est employée pour adapter l'œil aux rayons parallèles, tandis que l'autre partie, différence entre l'amplitude d'accommodation et l'hypermétropie, donne seule, par la recherche du foyer d'une lentille convexe égale, la mesure du point le plus rapproché pour lequel l'œil peut s'adapter.

Supposons un œil hypermétrope de 2 dioptries dont A = 6. Il faudra retrancher 2 de 6 pour la correction de l'hypermétropie, et il restera 4 dioptries, dont le foyer 0 m. 25 indique le punctum proximum.

Dans le cas cité, plus haut, d'une hypermétropie 2 où l'on avait dû user d'un verre + 1,50 pour obtenir artificiellement un punctum proximum à 0 m. 25, d'où on avait conclu A = 4,50, le punctum proximum se trouvait en réalité à 0 m. 40 En effet, si de 4,50 on retranche l'hypermétropie 2, il reste 2,50, qui correspond à un foyer de 0 m. 40.

Tant que l'amplitude d'accommodation excède l'hypermétropie, le punctum proximum se trouve situé entre l'œil et l'infini. Si ces deux valeurs (A et H) sont précisément égales, tout ce que l'œil peut faire en déployant toute son accommodation, c'est de corriger son hypermétropie, et le punctum proximum siège ainsi à l'infini. Mais, si l'amplitude d'accommodation est inférieure à l'hypermétropie, le punctum proximum reste en arrière de l'œil, et une adaptation nette, n'est plus possible à aucune distance. Admettons, par exemple, une hypermétropie 3 et une amplitude d'accommodation 2 ; en usant de la totalité de sa force accommodative, cet œil corrige 2 dioptries de son hypermétropie et reste encore hypermétrope de 1 dioptrie. Or un œil hypermétrope de 1 dioptrie est adapté pour un point situé à 1 mètre en arrière de son point nodal ; le *punctum proximum* se trouve donc, dans ce cas, à 1 mètre derrière l'œil.

Quant au *parcours d'accommodation*, il comprend toujours chez l'hypermétrope une étendue qui ne peut être utilisée pour une vision exacte : c'est celle qui, située derrière l'œil, part du punctum remotum pour atteindre l'infini. L'hypermétrope, se trouvant adapté alors pour l'infini, commence seulement à voir nettement les objets situés au loin, puis, si une plus grande quantité de force accommodative le permet, le parcours d'accommodation s'étend ensuite depuis un point situé, en avant, à l'infini jusqu'à un point plus ou moins rapproché de l'œil suivant l'emplacement du *punctum proximum*. Ce n'est que dans cette seconde portion du parcours d'accommodation qu'une adaptation nette est possible.

Choix des lunettes chez les hypermétropes.

Malgré cette conformation désavantageuse de l'organe visuel, beaucoup d'hypermétropes peuvent se livrer sans aucune gêne à des travaux nécessitant une excellente vision, leur accommodation devant cependant intervenir dans une plus large mesure que s'il s'agissait d'yeux emmétropes. Ces hypermétropes, doués d'un puissant pouvoir accommodateur et par suite satisfaits de leur vue, ne viennent pas réclamer nos conseils. D'autres, au contraire, ne peuvent faire une lecture quelque peu prolongée, ou exécuter des travaux de couture, sans ressentir plus ou moins rapidement une fatigue des yeux, parfois des maux de tête (*asthénopie accommodative*), à ce point qu'ils doivent par intervalles cesser leur travail pour se reposer les yeux. S'ils persistent, la vue se trouble, les caractères s'embrouillent, et il leur faut diriger les yeux au loin plus ou moins longtemps avant de recouvrer la possibilité de voir nettement de près. C'est à ces hypermétropes qu'il faut prescrire l'usage de verres convexes propres à remédier à l'asthénopie accommodative dont ils se plaignent et qui les engage à se présenter à la consultation.

On pourrait tout d'abord penser qu'il faut chez un hypermétrope corriger toute l'hypermétropie, de façon à le faire rentrer dans les conditions d'un emmétrope; mais, en procédant ainsi, l'expérience montre que particulièrement les jeunes sujets ne se trouvent nullement satisfaits : ils déclarent eux-mêmes que leurs verres sont trop forts et qu'ils les fatiguent. Il semble que les hypermétropes ont, comparativement aux emmétropes, un besoin de faire un plus ample usage de leur accommodation, et ils se trouvent mieux d'un verre plus faible que celui qui corrige la totalité de l'hypermétropie.

La pratique a en effet prouvé que les verres les plus convenables, pour la vision de *près*, correspondent précisément à l'hypermétropie manifeste. C'est là une circonstance heureuse, puisque, dans les conditions ordinaires, sans recourir aux mydriatiques, ce que nous donne l'examen avec les verres et le tableau est justement l'hypermétropie manifeste. Celle-ci s'accroissant avec l'âge pour tendre à se rapprocher peu à peu de l'hypermétropie totale, il sera donc nécessaire de temps en temps de changer les lunettes pour prendre un verre un peu plus fort.

Ainsi la règle à suivre, dans le choix des verres chez les hypermétropes, est donc de *prescrire un verre convexe égal à l'hypermétropie manifeste*. Toutefois, s'il s'agissait d'un jeune sujet, d'un enfant, présentant un haut degré d'hypermétrophie manifeste, par exemple 4,50 dioptries, il serait préférable de conseiller tout d'abord un verre plus faible, soit $+$ 3,50, dont ce jeune hypermétrope se montrerait probablement plus satisfait. Au contraire, si une hypermétropie, non très élevée, se présente chez une personne avoisinant la quarantaine, il y aura avantage à forcer d'un numéro le verre correspondant à l'hypermétropie manifeste. Supposons un sujet de quarante ans, avec Hm $=$ 1,50, on prescrira $+$ 1,75, qui conviendra certainement mieux que $+$ 1,50.

Lorsqu'on a affaire à des hypermétropes qui ont atteint quarante-cinq ans, il faut à partir de cet âge tenir compte non seulement de l'hypermétropie, mais encore de la presbytie, qu'il est nécessaire en outre de corriger de la façon que nous avons indiquée pour l'emmétrope (voy. p. 37), en sorte que le verre à prescrire doit représenter *la somme de l'hypermétropie manifeste et du verre qui contrebalancerait la presbytie chez un emmétrope du même âge.*

Supposons un sujet de cinquante-cinq ans dont l'hypermétropie manifeste est 3 dioptries; on placerait cet hypermétrope à peu près dans les conditions d'un emmétrope, s'il s'agissait d'une personne jeune, en prescrivant un verre $+$ 3; mais comme d'autre part un emmétrope de cinquante-cinq ans aurait besoin d'un verre $+$ 1,50, le verre à conseiller sera donc égal à $+$ 3 $+$ 1,50, soit $+$ 4,50.

Jusqu'ici, nous n'avons parlé que de verres destinés à la vision d'objets rapprochés; mais certains hypermétropes ont aussi besoin de verres convexes pour voir nettement *de loin.* Dans nombre de cas, l'accommodation suffit amplement pour corriger l'hypermétropie et pour permettre une adaptation facile pour des rayons parallèles; mais il arrive aussi que, l'hypermétropie étant très forte, ou l'accomodation très affaiblie, par suite de maladies débilitantes ou des progrès de l'âge, celle-ci se trouve inférieure à l'hypermétropie, ce qui se traduit par l'impossibilité, malgré une acuité visuelle parfaite, de lire tout le tableau, sans le secours de verres, à la distance habituelle de 5 mètres.

Dans ce cas, on recherchera le verre convexe qui permet le plus agréablement la lecture du plus fin caractère du tableau, et on conseillera l'usage de ce verre pour la vision de loin. Le plus souvent, ce verre est quelque peu inférieur, d'un ou deux numéros, à celui qui représente l'hypermétropie manifeste, et il ne devient habituellement utile d'en prescrire l'emploi que chez des personnes dont l'accommodation se montre faible, c'est-à-dire qui ont déjà atteint un certain âge.

MYOPIE

Un œil est myope lorsque, cet œil étant dépourvu de toute accommodation, les rayons parallèles, au lieu de faire foyer sur la rétine, comme
dans le cas d'emmétropie, vont se réunir en
avant de cette membrane. Les objets situés au
loin ne peuvent donc donner lieu, chez le myope,
qu'à une image d'autant plus trouble que la réunion des rayons se fait plus tôt par rapport à
l'emplacement de la rétine, c'est-à-dire que la
myopie est plus forte. Ici, la mise en jeu de l'accommodation ne pourrait servir qu'à accroître la
réfringence de l'œil et par suite à augmenter
la myopie.

La réunion des rayons parallèles en un point
situé en avant de la rétine résulte ordinairement,
dans le cas de myopie développée spontanément,
d'un excès dans la longueur de l'axe antéro-postérieur de l'œil (*myopie axile*). Mais la myopie

4.

peut aussi être la conséquence d'un accroissement de réfringence des parties antérieures de
l'œil, et surtout d'un excès de convexité de la
cornée (*myopie de courbure*), cette distension
de la cornée s'observant particulièrement à la
suite de kératites anciennes, qui ont le plus souvent laissé en outre des taies plus ou moins
accusées. La cataracte commençante donne souvent lieu aussi, par augmentation de l'indice de
réfraction de la lentille, à une myopie d'une
intensité variable sans modification dans la longueur du globe oculaire.

Dans le cas, plus ordinaire, d'une élongation
de l'axe de l'œil, l'anomalie de réfraction frappe
souvent l'observateur par la saillie que présentent les yeux, qui, si on leur fait exécuter de
grands mouvements d'excursion, laissent voir
directement leur excès de longueur.

Pour que des rayons puissent se réunir sur la
rétine et y former une image nette, il faut toujours, chez le myope, qu'ils abordent l'œil non
plus parallèlement, comme pour l'emmétrope, car
alors ils se réunissent trop tôt, mais avec un certain degré de divergence, variable suivant la
myopie, de façon que ces rayons doivent venir

constamment d'un point situé entre l'œil et l'infini. On peut donc dire qu'un œil myope est un œil qui, au repos de son accommodation, est adapté pour des rayons divergents, ou, si l'on veut, pour un point situé à une distance finie, qui représente le *punctum remotum*, celui-ci correspondant au point d'adaption de l'œil en dehors de toute accommodation (fig. 3).

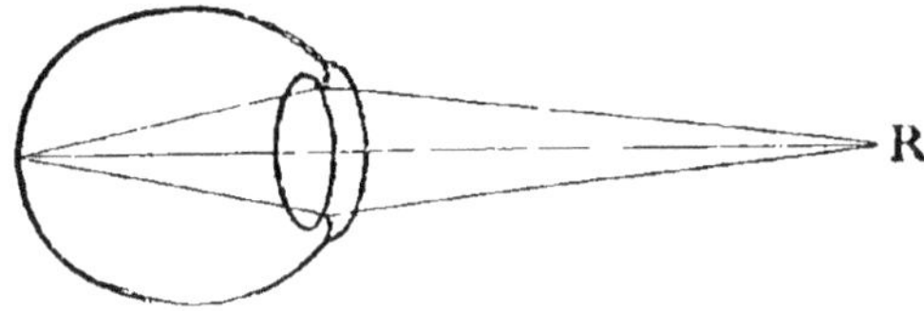

Fig. 3.

Ainsi, dans un cas de myopie donné, nous aurons, par exemple, un œil dont le *punctum remotum* se trouvera à 0 m. 25. Comment cette myopie peut-elle être corrigée, c'est-à-dire comment cet œil peut-il être ramené aux conditions d'un emmétrope, autrement dit se trouver, au repos de l'accommodation, adapté pour des rayons parallèles? Un verre concave pourra seul atteindre ce but, puisqu'il n'y a que des lentilles concaves qui puissent rendre parallèles des rayons divergents, et, dans notre exemple, il sera nécessaire d'un verre de 4 dioptries, dont le foyer est à 0 m. 25.

En conséquence, lorsque l'on parle d'une myopie M = 4 dioptries, il faut entendre qu'il s'agit d'un œil qui, pour voir nettement à l'infini, a besoin d'un verre — 4, ou qui, privé de verres, se trouve adapté, l'accommodation n'intervenant pas, pour un point situé à 0 m. 25 en avant de son point nodal, ou plus simplement dont le *punctum remotum* est à 0 m. 25.

Nous avons indiqué tout à l'heure un verre — 4 comme étant celui que corrige la myopie d'un œil dont le *punctum remotum* se trouve à 0 m. 25; mais il faudrait pour cela que ce verre pût être placé au point nodal même de l'œil. Supposons que le verre ne puisse être tenu qu'à 4 cent. 1/2 de la cornée, c'est-à-dire en un endroit situé environ à 5 centimètres du point nodal. Il ne resterait plus entre le verre et le *punctum remotum* que 0 m. 20, et, pour rendre parallèles des rayons émanant de ce point, il serait nécessaire d'un verre — 5. La myopie est donc toujours corrigée par un verre plus fort que n'est à proprement parler cette myopie, et cet excès de force qu'il faut donner aux lunettes se trouve surtout accusé, d'abord, si celles-ci sont tenues plus loin des yeux, et, d'autre part, s'il s'agit d'un myopie plus forte, car dans les faibles degrés de myopie la différence sera très minime, en ce qui concerne l'effet d'un verre, si ce dernier est tenu un peu plus loin de l'œil.

Détermination de la myopie.

1° MÉTHODE SUBJECTIVE

A l'aide des verres d'essai et du tableau d'acuité visuelle, il est aisé de reconnaître l'existence d'une myopie. *On a affaire à un œil myope dans tous les cas où la vision est améliorée par l'emploi d'un verre concave.* La présence d'une myopie étant ainsi constatée, on en déterminera le degré en prenant des verres de plus en plus forts, tant que la vue gagne en perfection. *Le verre le plus faible avec lequel la meilleure vision a été atteinte mesure la myopie.*

Pour procéder à cet examen, on place le tableau à 5 mètres du sujet, d'abord pour avoir affaire à des rayons parallèles, puisqu'on se propose, en corrigeant la myopie, d'adapter l'œil pour de semblables rayons, et, d'autre part, pour pouvoir, après correction de la myopie, déterminer du même coup l'acuité visuelle suivant la ligne qui a pu ainsi être lue. L'œil en expérience étant seul découvert, on fait d'abord lire, sans le secours d'aucun verre, les caractères qui peuvent être ainsi déchiffrés. Un cas qui ne se présentera guère chez un myope, c'est qu'il puisse lire la totalité du tableau ; ceci ne pourrait arriver que s'il s'agissait d'une très faible myopie chez un individu ayant une acuité visuelle supérieure à ce que nous avons admis comme acuité moyenne. Donc, en général, une partie seulement du tableau sera lue : par exemple, le sujet ne lira pas au delà du n° 40. Il y aura alors myopie si, avec un verre — 0,50 ou — 1, la ligne suivante peut être reconnue.

Pour peu qu'il s'agisse d'une myopie accusée, il arrivera même qu'à 5 mètres aucun caractère du tableau ne pourra être distingué. Si l'on a quelque raison pour soupçonner une myopie élevée, on pourra tout de suite s'adresser à des verres concaves forts et reconnaître, après essai de deux ou trois verres, que le sujet commence à lire le tableau et qu'on a bien affaire par conséquent à un myope.

Un autre procédé qui permettra immédiatement de connaître à peu près le degré de la myopie, et qui indiquera parmi quels verres doit se faire la recherche, consiste à déterminer la distance la plus éloignée à laquelle le petit caractère (en admettant l'existence d'une bonne acuité visuelle) du livre des échelles peut être lu. Mesurant alors la distance qui sépare le livre de l'œil, on obtiendra approximativement le *punctum remotum* et par suite le degré de la myopie.

Pour obtenir la mesure de la myopie, on essaie successivement des verres d'un numéro plus élevé et on s'assure pour chacun que de nouveaux caractères du tableau peuvent être lus, car il importe de ne pas dépasser le verre qui a fourni la meilleure vision possible, ce verre correspondant à la myopie. C'est qu'en effet nous n'usons pas habituellement pour les examens de réfraction des mydratiques, et il faut alors compter avec l'accommodation. Si nous prenons un verre plus élevé que n'est en réalité la myopie, il pourrait arriver que le sujet continue à lire le même caractère avec une égale facilité, il suffirait pour cela que l'œil dispose d'une accommodation capable de contrebalancer l'excès d'effet divergent produit par le verre trop fort.

Cette façon de procéder, sans le secours des mydriatiques, donne en général un résultat suffisamment exact; toutefois, il se présente des cas où un état de spasme de l'accommodation, particulièrement dans la myopie progressive des jeunes sujets, vient troubler l'examen. La véritable myopie est alors accrue d'une quantité équivalente à la force accommodative mise en jeu à l'insu du malade, ainsi qu'on peut s'en assurer en renouvelant l'essai des verres après paralysie artificielle de l'accommodation. On arrivera ainsi à un verre plus faible qui donnera la mesure exacte de la myopie, la différence comparativement au premier examen représentant ce qui revient au spasme de l'accommodation.

Notons d'ailleurs que, dès qu'il s'agit d'une myopie quelque peu élevée, l'emploi des mydriatiques, à part l'éblouissement qui résulte de la dilatation de la pupille, est loin de présenter les mêmes inconvénients que chez l'emmétrope et surtout l'hypermétrope. Admettons en effet une myopie de 4 dioptries, dont le punctum remotum se trouve par conséquent à 25 centimètres; si l'accommodation fait défaut, une adaptation ne pourra avoir lieu pour un point plus rapproché que 25 centimètres, mais cette distance sera suffisamment voisine de l'œil pour permettre le travail de près.

C'est seulement après correction de la myopie par le verre concave qui lui correspond, que nous pourrons nous renseigner sur l'acuité visuelle, d'après le caractère le plus petit du tableau, placé à 5 mètres, qui peut être lu. Si le sujet lit la dernière rangée de lettres, la vision est parfaite; dans le cas contraire, il y a réduction de l'acuité, dans la proportion indiquée à côté de la série de caractères au delà de laquelle il ne peut lire.

2° MÉTHODE OBJECTIVE.

Lorsque l'imperfection de l'acuité visuelle rend difficile l'appréciation de l'influence produite par les verres sur la vision, et surtout quand on a lieu de supposer que les réponses de la personne que l'on examine sont inéxactes, la méthode objective pour la détermination de la myopie prend une importance prépondérante.

On peut avoir recours à un examen, ou à l'image droite, ou à l'image renversée.

A. *Image droite.* — Nous avons dit qu'un œil myope, au repos de l'accommodation, tel qu'il se présente à l'examen ophthalmoscopique, lorsque l'observateur recommande au patient de regarder au loin, se trouve adapté pour un point (punctum remotum) placé en avant de lui, à une distance égale au foyer du verre qui corrige la myopie. De même, si l'on éclaire le fond d'un œil myope à l'aide de l'ophthalmoscope, les parties éclairées émettent des rayons qui suivent une marche inverse, de telle façon qu'une image nette des parties profondes de l'œil vient se former au *punctum remotum* (voy. fig. 3).

Ainsi, en admettant M = 2, l'image se formera à 0 m. 50 en avant du point nodal. Si l'observateur se place sur le parcours des rayons qui sortent de l'œil, entre celui-ci et le punctum remotum, il recevra dans son propre œil (que nous supposons emmétrope), des rayons convergents, qu'il ne pourra jamais réunir sur sa rétine, malgré le complet relâchement de son accommodation. Dans cet état de repos de l'accommodation, il ne pourra obtenir une image droite, nette, du fond de l'œil observé, qu'à la condition d'user d'un verre capable de rendre parallèles les rayons sortis convergents, c'est-à-dire en faisant glisser derrière l'ophthalmoscope à réfraction un verre concave. Dans l'exemple précédent, il serait nécessaire, en admettant que le verre employé coïncidât avec le point nodal, d'une lentille concave de 0 m. 50 de foyer, c'est-à-dire d'un verre — 2, précisément égal à la myopie.

Si l'observateur a soin de se tenir très près de l'œil qu'il examine, autant que possible dans le même point où les lunettes sont habituellement posées, la distance entre le verre placé derrière l'ophthalmoscope et le punctum remotum sera, il est vrai, moindre que 0 m. 50, et un verre plus fort que — 2 se trouvera nécessaire, mais ce verre sera sensiblement égal à celui qu'il aurait fallu mettre dans la monture de lunettes pour corriger cette même myopie.

Donc, on reconnaîtra l'existence d'une myopie à ce fait qu'un observateur emmétrope, se tenant près de l'œil observé, ne pourra dans aucun cas, avec le simple miroir ophthalmoscopique, obtenir une image nette, et cela quel que soit le relâchement qu'il donne à son accommodation. *Une image droite ne sera obtenue avec netteté qu'en plaçant un verre concave derrière le trou du miroir ;* et, si l'observateur a soin de se tenir très près de l'œil examiné, le verre concave *le plus faible* avec lequel il lui sera possible d'obtenir une image précise représentera sensiblement la myopie. Cette dernière précaution est indispensable, afin que celui qui examine soit assuré de n'avoir pas usé à son insu de son accommodation, car, si l'on dépassait le verre correspondant à la myopie, l'image resterait nette, l'observateur faisant alors instinctivement un effort d'accommodation pour contrebalancer l'excès de réfringence du verre employé.

Par conséquent, dès qu'on aura reconnu la présence d'une myopie, on fera passer derrière le trou de l'ophthalmoscope des verres concaves de plus en plus forts ; on verra alors l'image se dessiner progressivement, et *on s'arrêtera au premier verre qui fournira une image nette.*

Nous procédons ainsi de la même façon que dans la méthode subjective, avec cette différence que c'est l'observateur qui s'essaie à lui-même les verres, ce qui le met à l'abri de toute supercherie venant de la part de l'observé. Les fins détails du fond de l'œil du patient peuvent être considérés comme remplaçant, dans cet essai, le dernier caractère du tableau.

B. *Image renversée*. — Si l'observateur, au lieu de se tenir au proche voisinage de l'œil observé, s'éloigne de façon à franchir le *punctum remotum* où se forme l'image, il recevra, en s'adaptant pour ce point, une image renversée nette de l'œil qu'il examine. Connaissant son propre *punctum proximum*, l'observateur, quelle que soit d'ailleurs la conformation de son œil, pourra déduire de cet examen la myopie de l'œil examiné. Il devra rechercher *la plus courte distance*, afin de mettre en jeu toute son accommodation, à laquelle il obtient avec netteté une image renversée; il fera alors mesurer l'intervalle qui sépare son œil de l'œil observé, puis, retranchant son *punctum proximum*, il obtiendra le *punctum remotum* de l'œil en examen, dont il sera facile de déduire la myopie.

Supposons un observateur dont le punctum proximum est à 0 m. 15, et qui peut encore obtenir avec précision, en se servant du simple miroir, une image renversée d'un œil myope en s'approchant de celui-ci jusqu'à 0 m. 35; la myopie est alors de 5 dioptries. En effet, 0 m. 35 est la distance minima qui sépare les deux yeux ; en retranchant 0 m. 15 pour le punctum proximum de l'observateur, il nous reste 0 m. 20 pour le punctum remotum de l'observé, ce qui correspond à une myopie de 5 dioptries.

S'il s'agissait d'une faible myopie, l'observateur devrait se tenir très éloigné de l'œil qu'il examine, et les résultats deviendraient bien indécis en ce qui concerne la distance séparant les deux yeux ; dans ce cas, l'examen à l'image droite est de beaucoup préférable. Au contraire, lorsqu'on a affaire à un haut degré de myopie, ou que l'examinateur est lui-même fortement myope, le procédé à l'image renversée offre tous ses avantages.

On n'arrive pas toujours aisément à déployer à son gré toute sa force accommodative ; certains réussissent beaucoup mieux à obtenir un relâchement complet de l'accommodation. Si l'observateur préfère ne pas user de son accommodation, il lui sera facile de pratiquer un examen analogue au précédent, en plaçant derrière le trou de son ophthalmoscope un verre convexe d'une force connue. Il pourra, par exemple, faire usage d'un verre + 4 qui, s'il est emmétrope, portera son *punctum remotum* à 0 m. 25. Pour être assuré d'avoir atteint un relâchement aussi parfait que possible de son accommodation, l'observateur devra, par tâtonnement, trouver la distance *la plus éloignée* à laquelle il obtient encore une image nette de l'œil myope qu'il examine. La distance comprise entre l'œil observateur et l'œil observé ayant été mesurée, il suffira d'en retrancher, dans le cas supposé, 0 m. 25, pour avoir le *punctum remotum* de l'œil en expérience. Si les yeux étaient distants, par exemple, de 0 m. 45, il restera 0 m. 20 pour le punctum remotum de l'œil examiné qui aurait ainsi une myopie de 5 dioptries.

Punctum proximum et amplitude d'accommodation.

Le *punctum proximum* d'un œil myope occupe un point plus ou moins rapproché, suivant l'amplitude d'accommodation dont dispose l'œil et le degré de la myopie. Il se détermine comme nous l'avons indiqué pour l'emmétropie et l'hypermétropie, en recherchant la plus courte distance à laquelle un fin caractère (le n° 1 des échelles) peut être nettement distingué (voy. p. 29). Il sera plus rare chez le myope qu'il faille tout d'abord déterminer un punctum proximum provisoire, en s'aidant d'un verre convexe, pour en déduire ensuite, après détermination de l'amplitude d'accommodation, le véritable punctum proximum.

Quant à l'*amplitude d'accommodation*, il suffit pour la chiffrer de connaître, d'une part la myopie, et de l'autre le *punctum proximum*. Soit une personne ayant une myopie $M = 2$ et dont le punctum proximum se trouve à 0 m. 20. Si l'on avait affaire à un sujet emmétrope ayant son punctum proximum à 0 m. 20, on aurait pour la mesure de l'amplitude d'accommodation $A = 5$; mais il s'agit, non pas d'un emmétrope, mais d'un myope de 2 dioptries, favorisé pour voir de près d'une force réfringente égale à 2 dioptries. Pour ne pas attribuer à l'accommodation ce qui revient à la conformation de l'œil, il faudra donc déduire la myopie, ce qui donnera $A = 5 - 2 = 3$.

L'amplitude d'accommodation, chez le myope, sera donc obtenue en recherchant *à combien de dioptries correspond une lentille d'un foyer égal à la distance qui sépare l'œil du punctum proxi-*

mum, et en soustrayant du résultat la myopie.

Dans le cas où un punctum proximum n'aurait pu être qu'artificiellement précisé, grâce à l'emploi d'un verre convexe placé devant l'œil en expérience, il faudrait, bien entendu, dans le calcul précédent, retrancher encore le verre employé. Ceci ne se présentera que si l'on affaire à une faible myopie, chez un individu ne disposant que d'une minime accommodation. Supposons un œil ayant une myopie de 1 dioptrie. Lorsque nous voulons déterminer le punctum proximum de cet œil, nous constatons que le sujet éloigne le livre et n'arrive pas, malgré une bonne acuité visuelle, à lire le plus petit caractère; mais, si nous faisons usage d'un verre $+ 2,25$, nous trouvons un punctum proximum à 0 m. 25. Dans ces conditions, nous aurons $A = 4 - 1 - 2,25$, c'est-à-dire $A = 0,75$.

Lorsque l'on connaît la myopie d'un œil et son amplitude d'accommodation, il est aisé d'en conclure le siège du *punctum proximum*. Un myope est aidé pour voir de près à la fois par son amplitude d'accommodation et par sa myopie. Il faudra donc ajouter l'une à l'autre ces deux valeurs, et rechercher à quelle distance focale correspond une lentille d'un nombre de dioptries égal. Dans l'exemple précédent, nous avions $M = 1$, $A = 0,75$; la lentille de 1,75 dioptries ayant un foyer de 0 m. 57, le punctum proximum véritable se trouvait donc à cette distance.

Le *parcours d'accommodation*, chez le myope, dès que la myopie s'accuse quelque peu, est toujours très circonscrit, et cela en dépit de la force accommodative dont dispose le sujet. Ainsi soit $M = 4$, le punctum remotum se trouve à 0 m. 25; si $A = 6$, le punctum proximum est situé au foyer de la lentille $4 + 6$ ou 10, c'est-à-dire à 10 centimètres, et le parcours d'accommodation mesure seulement 0 m. 15.

Choix des lunettes chez les myopes.

Les myopes ont toujours besoin de verres concaves pour voir nettement *au loin*. Dans tous les cas, il faut veiller à ce qu'un myope ne porte jamais de verres qui excèdent la myopie. Ce précepte paraît banal, et cependant on voit journellement des myopes qui font usage de verres plus forts que leur myopie, et qui ne voient nettement avec ces verres qu'à condition de faire un effort d'accommodation, qui contrebalance l'excès de réfringence du verre employé. C'est là un état fàcheux, si l'on songe que l'un des principaux facteurs, dans l'accroissement de la myopie, consiste précisément dans le jeu exagéré de l'accommodation.

Il ne sera même permis de donner un verre équivalent à la myopie que dans les cas où celle-ci est faible et ne dépasse pas à 2 à 3 dioptries. On devra se montrer d'autant plus sévère à cet égard que l'individu est plus jeune, et qu'on a davantage à redouter l'accroissement de la myopie. Au delà de 3 dioptries, le myope se contentera d'un verre plus faible que la myopie, surtout s'il doit porter habituellement ses verres; on ne tolérerait encore un verre égal à la myopie que si l'on ne devait en faire usage qu'accidentellement, et alors on pourrait prescrire l'emploi d'une face-à-main. Lorsque la myopie devient forte et dépasse 10 dioptries, il faut se montrer très prudent dans la prescription des lunettes, et ne conseiller que des verres notablement au-dessous de la myopie. Ainsi, lorsqu'on a affaire à M = 15, on prescrira des verres — 8 ou — 10 au plus.

Pour la vision *de près*, des verres concaves ne sont pas utiles lorsque la myopie est inférieure à 3 dioptries, car, même si l'on a affaire à $M = 3$, une vue nette est encore possible jusqu'à 33 centimètres, si le sujet n'use pas de son accommodation. Au delà de 3 dioptries, il importe de corriger une partie de la myopie, afin de s'opposer à ce que la vision ne s'exerce à une trop courte distance, ce qui aurait pour inconvénient, par suite de l'action exagérée des muscles destinés à la convergence, de favoriser l'accroissement de la myopie. A cet égard, l'expérience a appris que l'on se trouvait bien de prescrire des verres concaves représentant *la moitié de la myopie*.

Ainsi, dans le cas où l'on a par exemple $M = 6$, tandis que l'on donnera des verres — 5 pour loin, on conseillera, pour lire et travailler de près, des lunettes — 3. Il n'y a d'exception à cette règle que si la myopie se montre forte (au delà de 10 dioptries) ; il est alors préférable de prescrire des verres encore moindres que la moitié de la myopie. Dans tous les cas, il est très important que le myope use le moins possible de son accommodation, pour la raison signalée plus haut, et on devra lui recommander

qu'avec ses lunettes, il tienne le plus loin qu'il
le pourra son livre ou l'objet sur lequel il travaille.

Insuffisance des muscles droits internes.

Si un certain nombre de myopes n'ont pas
besoin, pour voir *de près*, de verres concaves, on
peut dire qu'à peu près tous se trouvent dans
la nécessité de faire usage d'une autre espèce
de verres, nous voulons parler des *prismes*. Ces
verres prismatiques sont destinés à remédier à
une *insuffisance des muscles droits internes* (strabisme divergent latent) qui s'observe presque
constamment avec la myopie.

Cette faiblesse relative des droits internes est
la conséquence de la loi de synergie qui régit la
convergence et l'accommodation. Dans un œil
bien équilibré, comme l'est habituellement l'œil
type, l'œil emmétrope, pour un effort de convergence faisant entrecroiser les lignes visuelles
sur un point donné, a lieu la mise en jeu d'une
certaine quantité de force accommodative précisément convenable pour adapter les yeux à cette
même distance. Inversement, si un emmétrope

fait un effort d'accommodation propre à l'adapter pour un point déterminé, en même temps les muscles droits internes agissent de façon à faire converger les lignes visuelles sur ce point.

Chez le myope, les choses se passent autrement : s'il dirige son regard sur un point rapproché, l'accommodation a dans tous les cas à intervenir dans une moindre proportion que pour l'emmétrope, parfois même, aucune accommodation n'est nécessaire, et cependant une convergence des yeux doit être obtenue au même degré ; en sorte que d'une façon générale, l'insuffisance des droits internes est d'autant plus accusée que la myopie est plus forte. Cette insuffisance peut néanmoins, dans un certain nombre de cas, être vaincue ; mais ceci n'a lieu qu'au prix d'un effort exagéré des muscles droits internes, sollicité par le besoin de ne pas voir double, et se traduisant par une fatigue qui survient plus ou moins rapidement (*asthénopie musculaire*). D'autres fois, un œil est exclu de la vision binoculaire, et on a un véritable strabisme divergent.

La présence d'une insuffisance des muscles droits internes peut être aisément révélée, en faisant fixer avec l'un des yeux un point rapproché, tandis que l'autre œil est masqué avec un verre dépoli, qui, tout en interrompant la vision binoculaire, n'empêche pas d'observer comment se comporte l'œil derrière ce verre. On constatera alors que cet œil subit une déviation en dehors plus ou moins manifeste. S'il y avait doute sur cette déviation, on verrait que, le sujet continuant toujours à fixer attentivement le même point (l'extrémité d'un doigt par exemple), si l'on transporte rapidement le verre dépoli devant l'œil qui primitivement fixait, l'autre œil, d'abord masqué, entrant maintenant en fixation, exécuterait un mouvement de déplacement en dedans d'autant plus marqué que l'insuffisance serait plus forte.

Un autre procédé consiste à faire usage d'un prisme tenu verticalement, la base en bas, que l'on place devant l'un des yeux, pendant que le sujet fixe un point noir coupé par une fine ligne verticale (comme l'on en voit un spécimen dans les échelles métriques). En l'absence de toute insuffisance, les deux points, celui vu directement et celui transporté en haut par le prisme, apparaîtront exactement superposés sur la même ligne.

S'il existe au contraire une faiblesse des muscles droits internes (strabisme latent), le jeu de ces muscles n'étant plus excité par la nécessité de voir simple, l'œil placé derrière le prisme se laissera dévier en dehors, et le point vu par cet œil sera transporté non seulement en haut, mais encore de côté, dans le sens opposé à ce même œil (images croisées), d'autant plus loin de la ligne verticale, sur laquelle se trouve le point correspondant à l'œil dépourvu de prisme, que l'insuffisance est plus grande. Il est évident que la force du prisme, dont on fait usage pour cette expérience, n'a pas d'importance; toutefois, pour rendre la dissociation des images plus manifeste, on pourra prendre un prisme de 8 à 10°.

Une insuffisance des muscles droits internes étant ainsi constatée par la déviation latérale d'un point vu à travers un prisme à base inférieure, il sera aisé de faire cesser cette déviation, et par suite de mesurer l'insuffisance, en recherchant avec quel prisme, à base interne, placé sur l'œil d'abord dépourvu de prisme, on peut ramener les deux points exactement l'un au-dessus de l'autre, comme les doit voir un œil normal. Pour n'avoir pas à tâtonner, on peut, avec avantage, se servir du double prisme de Crétès (fig. 4), qui

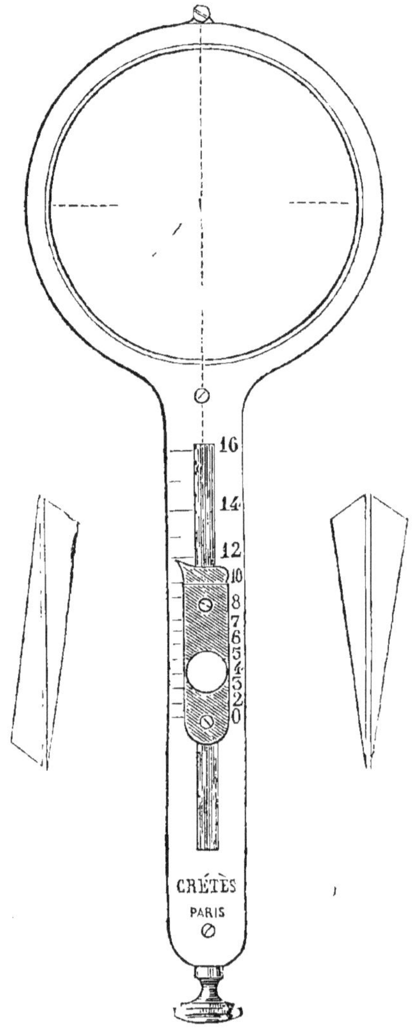

Fig. 4.

fournit rapidement, et sans changer d'instrument, toute la série des prismes habituellement employés, à l'aide de deux prismes qui tournent en sens inverse dans un anneau, de façon à s'ajouter ou à se retrancher à volonté, comme le montre la figure.

Un moyen très pratique pour reconnaître et mesurer l'insuffisance nous est fourni par l'emploi du prisme de Berlin, consistant en un simple prisme enchâssé dans un anneau et qui, d'abord vertical, peut ensuite tourner en transportant sa base progressivement en dedans. Un prisme tenu obliquement a, en effet, deux actions, l'une verticale et l'autre latérale; lorsqu'en faisant tourner le prisme on a ramené les deux points sur la ligne verticale, on lit, sur une échelle gravée sur la monture, à quel prisme horizontal correspond l'effet produit par la déviation imprimée au verre prismatique.

En procédant comme nous venons de l'indiquer, on trouve ainsi qu'une insuffisance est corrigée par un prisme de 4, ou 6, ou d'un plus grand nombre de degrés. Les prismes seront prescrits seuls (pour la vision de près, bien entendu) si la myopie est inférieure à 3 dioptries, suivant la règle que nous avons établie, et on les répartira sur les deux yeux. Ainsi, l'insufffisance des muscles droits internes étant par exemple de 4°, on prescrira des prismes, à base interne, de 2° sur chaque œil.

Si la myopie est supérieure à 3 dioptries, c'est-à-dire si le sujet se trouve dans des conditions telles que des verres concaves doivent être habituellement employés pour la vue de près, on devra préalablement placer devant les yeux ces verres pour déterminer l'insuffisance, qui se trouvera ordinairement moindre que si on faisait l'examen sans le secours des verres. Admettons M = 7, des verres — 3,50 doivent être conseillés pour le travail de près. Ces derniers verres étant placés dans la monture d'essai, l'on déterminera l'insuffisance; si on trouve 4°, on prescrira un verre — 3,50 associé à un prisme à base interne de 2 degrés sur chaque œil.

Au delà de 6 degrés d'insuffisance, les prismes devant excéder 3° pour chacun des deux verres, ceux-ci deviennent lourds et d'un usage peu commode; aussi, en pratique, ne dépasse-t-on pas ce chiffre. Si néanmoins les symptômes d'asthénopie persistent, c'est à d'autres moyens qu'il faut s'adresser (ténotomie du droit externe).

Nous avons indiqué quelles règles on devait

suivre, chez les myopes, pour le choix des verres
destinés à voir de près ou de loin ; mais il y a des
cas où un myope a besoin de voir à une distance
intermédiaire, un peu plus éloignée que pour la
lecture d'un livre, par exemple pour la musique,
le piano. Admettons qu'un myope se trouve dans
la nécessité de voir nettement à 0 m. 40. L'adaptation pour cette distance n'étant possible, avec
une détente complète de l'accommodation, qu'à
condition que la myopie n'excède pas 2,50 dioptries, puisque le verre 2,50 a précisément un
foyer de 0 m. 40, on devra corriger une partie
de la myopie telle qu'il ne subsiste plus que 2,50
dioptries de myopie. Ainsi supposons $M = 7$, il
sera nécessaire, pour que ce myope puisse voir
avec précision à 0 m. 40, de lui prescrire des
verres concaves 7 — 2,50, soit 4,50.

Presbytie chez le myope.

Lorsqu'on a affaire à un faible degré de myopie,
un myope est susceptible de devenir *presbyte ;*
mais la presbytie ne survient alors qu'à un âge
plus avancé que chez l'emmétrope, et ne commence à se manifester qu'au moment où la myo-

pie est contrebalancée par la presbytie, telle que nous l'avons comptée chez l'emmétrope. Ainsi un myope de 2 dioptries ne commencera à devenir presbyte qu'à soixante ans, la presbytie à cet âge, dans un cas d'emmétropie, étant précisément corrigée par un verre $+ 2$.

Supposons maintenant $M = 1,50$ chez une personne de soixante-quinze ans. Si l'on avait affaire à un emmétrope de cet âge, il faudrait donner des verres $+ 3,50$, mais, il s'agit d'un myope de 1,50 dioptrie, et une partie de la presbytie se trouvant corrigée par la myopie, on se contentera de prescrire des verres convexes $3,50 - 1,50$, soit 2 dioptries. Toutefois ces verres $+ 2$ devront être essayés, et on se tiendra prêt à les forcer au besoin.

Donc, lorsqu'un degré peu élevé de myopie se montre chez une personne âgée, on devra s'enquérir de son âge, et, si le verre convexe qu'on aurait dû donner à un emmétrope du même âge pour combattre sa presbytie, excède la myopie, on devra conseiller à ce myope, pour voir de près, des lunettes convexes représentant ce même verre *diminué de la myopie.*

Ces myopes presbytes se trouvent donc dans

la nécessité de faire usage de verres concaves
pour voir de loin, et de verres convexes, pour le
travail de près. S'ils doivent rapidement passer
de la vision éloignée à la vision rapprochée, on
pourra, en particulier dans ce cas, faire usage de
lunettes, dont la partie supérieure est formée par
une moitié de verre concave, et la partie inférieure par une moitié de verre convexe (lunettes
Franklin).

CHOIX DES LUNETTES CHEZ LES OPÉRÉS
DE CATARACTE

L'extraction du cristallin créant un état tout
particulier de l'œil (aphakie), nous avons réservé,
pour la traiter à part, la question du choix des
lunettes chez les opérés de cataracte. Il faut
d'abord noter qu'ici toute accommodation a dis-
paru avec le cristallin lui-même, et qu'en conséquence des lunettes ne pourront adapter un œil
privé de cristallin que pour une distance fixe et
déterminée. L'ablation de la lentille engendre
un état de réfraction variable, suivant la conformation que présentait antérieurement l'œil opéré,
et nous entendons par là le mode de réfringence
qui préexistait à toute altération cristallinienne,
car on sait que la cataracte commençante provo-
que parfois un changement notable dans la
réfraction et détermine, dans quelques cas, un
haut degré de myopie.

Modification de la réfraction par l'ablation
du cristallin.

L'ablation du cristallin enlève à l'œil une quantité de réfringence que l'on peut évaluer à dix dioptries environ. Ainsi un œil antérieurement emmétrope deviendra à peu près hypermétrope de dix dioptries. Si l'œil opéré était primitivement hypermétrope, par exemple de 2 dioptries, l'extraction du cristallin créera une hypermétropie voisine de 12 dioptries. Une myopie antérieure devient, dans ce cas, une circonstance avantageuse, parce qu'elle a pour effet une réduction dans l'hypermétropie acquise par suite de l'extraction de la cataracte, et que des verres d'une force moindre, et conséquemment moins pesants, doivent être employés. Une personne opérée de la cataracte qui avait autrefois une myopie de 2 dioptries n'aura besoin que de verres + 8 environ. Toutefois ce petit calcul est loin d'être exact, comme on le verra plus loin.

Quand nous disons qu'en extrayant le cristallin d'un œil nous réduisons sa réfringence de dix dioptries à peu près, nous entendons que dans un cas d'emmétropie antérieure nous ramenons

l'œil, après l'opération de la cataracte, aux conditions d'un emmétrope en faisant usage d'un verre
$+$ 10, situé en avant de l'œil à la distance ordinaire où l'on place des lunettes, ce verre corrigeant en réalité un degré d'hypermétropie plus
élevé que 10 dioptries.

Dans les conditions habituelles, les verres sont
tenus de 1 cent. 1/2 à 2 cent. du sommet de la
cornée, soit à 2 cent. ou 2 cent. 1/2 du point
nodal, si nous supposons encore celui-ci à 5 millim. en arrière de la cornée; en prenant 23 millim.
comme moyenne, il en résulte que le verre $+$ 10
fait converger les rayons parallèles à 100 — 23
ou à 77 millim. au delà du point nodal, et *agit
par conséquent, environ, comme un verre $+$ 13 qui
serait précisément placé au point nodal*, ce verre
ayant sensiblement 77 millim. de foyer. Attendu
qu'un degré quelconque d'hypermétropie est corrigé par le verre qui fait converger les rayons
parallèles au punctum remotum.

Considérant l'influence très marquée qu'exerce
sur l'action réfringente d'un verre, lorsque celui-
ci devient fort, la distance qui le sépare de l'œil,
on conçoit que le calcul très simple que nous
indiquions plus haut pour prévoir, connaissant

la réfraction antérieure d'un œil, son état de réfringence après l'extraction, ne soit à peu près applicable que pour de faibles degrés d'hypermétropie ou de myopie.

Prenons un exemple : supposons un œil présentant un assez haut degré d'hypermétropie, soit 7 dioptries, qui se trouve en réalité corrigée par un verre $+ 6$, lorsque celui-ci est tenu à la distance à peu près ordinaire de 23 millim. du point nodal (la longueur focale du verre 7 étant de 143 millim., qui, augmentée de 23 millim., nous donne 166 millim., distance focale du verre 6). Si, sur un pareil œil, on pratique l'extraction du cristallin, quel verre deviendra nécessaire pour corriger l'hypermétropie ainsi développée?

L'hypermétropie acquise, jointe à l'hypermétropie préexistante, équivaudra, suivant ce que nous avons admis plus haut, à $13 + 7$ ou à 20 dioptries. Or, pour $H = 20$, le punctum remotum est à 50 millim. en arrière du point nodal, si nous admettons que le verre à employer sera tenu à 23 millim. de ce point, nous aurons pour la distance séparant ce verre du punctum remotum $50 + 23$, ou 73 millim., ce qui représente la distance focale d'un verre un peu plus faible que 14 dioptries. Ainsi, au lieu d'un $+ 16$, comme, on aurait pu tout d'abord le supposer, un verre $+ 14$ suffira pour la vision éloignée.

Si, au lieu d'un écartement de 23 millim., l'opéré devait tenir son verre à 27 millim. du point nodal, nous aurions $50 + 27$ ou 77 millim., comme foyer du verre à employer, qui deviendrait ainsi un $+ 13$.

En résumé, les verres à prescrire chez des opérés de cataracte ayant présenté antérieurement une hypermétropie marquée, ne croissent pas dans la proportion de l'hypermétropie, mais restent notablement au-dessous, et cela d'autant plus qu'il s'agissait d'une hypermétropie plus forte et que le verre doit être tenu plus loin de l'œil.

Dans le cas d'une myopie quelque peu accusée, voyons quel état de réfringence est amené par l'ablation du cristallin. Admettons qu'un œil ait présenté antérieurement une myopie corrigée par un verre $- 5$ tenu à 22 millim. du point nodal, ce qui représente véritablement une myopie 4,50 (le verre 4,50 ayant un foyer de 222 millim., qui, diminué de 22 millim., donne 200 millim., foyer du verre 5). L'extraction du cristallin enlevant en réalité à l'œil une force réfringente équivalente à

13 dioptries, une semblable opération aura pour effet de déterminer, dans le cas actuel, une hypermétropie de 13 — 4,50 ou 8,50 dioptries. Cette hypermétropie 8,50 se trouvera corrigée par un verre + 7 si celui-ci est tenu à 23 millim. du point nodal, car le verre 8,50 a un foyer 117 millim., qui, augmenté de 23 millim., donne 140 millim., représentant à peu près le foyer du verre 7. Ainsi un œil ayant autrefois offert une myopie 5, il lui faudra après l'extraction, environ un + 7, au lieu d'un + 5, auquel on aurait pu d'abord songer, suivant le calcul simple primitivement indiqué.

Supposons maintenant une très forte myopie, telle que l'amétropie réclame pour sa correction un verre — 18, lorsque celui-ci est placé à 22 millim. du point nodal. Le verre 18 a une distance focale de 55 millim.; si à 55 millim. on ajoute 22 millim., pour tenir compte de l'éloignement du verre, on trouve 77 millim., foyer du verre 13, représentant alors la véritable myopie. Si dans un pareil cas on pratique l'extraction, ce myope de 18 dioptries se trouvera précisément emmétrope, ou du moins dans un état voisin de l'emmétropie. Ainsi, pour qu'un myope, chez lequel on a procédé à l'extraction de la cataracte, devienne emmétrope, il faut qu'il présente une myopie bien supérieure à 10 dioptries, celle-ci devant pour cela avoisiner 18 dioptries.

On voit donc que les verres convexes, qui conviennent chez des opérés de cataracte primitivement myopes, ne décroissent pas en proportion de la myopie, mais se trouvent être sensiblement plus forts, à ce point qu'il faut atteindre un degré de myopie voisin de 18 dioptries, ou du moins corrigée par un verre — 18, pour arriver après l'extraction à un état d'emmétropie. Au delà de 18 dioptries, le myope après l'ablation du cristallin conservera encore un certain degré de myopie.

Lunettes pour loin.

Les considérations précédentes n'ont d'autre utilité pratique que de guider quelque peu le médecin dans la recherche des verres à prescrire aux opérés de cataracte, cette détermination se faisant de la même façon que nous mesurons l'hypermétropie, avec le tableau et les lunettes d'essai, c'est-à-dire par tâtonnement, jusqu'à ce nous trouvions le verre fournissant la meilleure

6.

acuité visuelle. Comme ici nous n'avons pas à
compter avec l'accommodation, il n'y a qu'un
verre qui donne la meilleure vue possible : c'est
celui qui correspond précisément à l'hypermétropie acquise. Le verre ainsi trouvé est celui qui
convient pour la *vision de loin*.

Avant de procéder à l'essai des verres chez
un opéré de cataracte, il sera bon de se renseigner
sur l'état antérieur de sa vue. Si l'opéré nous
apprend qu'il était autrefois fortement myope,
il faudra commencer l'examen avec de faibles
verres convexes; et dans des cas, fort rares il est
vrai, il arrivera même que les verres convexes
faibles troubleront la vue et qu'on devra s'adresser aux verres concaves. Le plus souvent, le
sujet nous dira qu'il voyait très bien de loin, et
qu'il a dû seulement prendre des lunettes pour
la lecture vers quarante-cinq ou cinquante ans;
l'essai devra alors porter sur des verres voisins du
n° 10. Dans le cas d'une hypermétropie antérieure,
la recherche du verre convenable n'exigera jamais
de longs tâtonnements, car, à partir du n° 10, les
verres sont peu nombreux dans les boîtes d'essai,
et on aura vite trouvé celui qui fournit la meilleure
acuité.

Si, en dépit d'une grande pureté du champ pupillaire de l'œil opéré, le sujet n'accuse avec les verres convexes appropriés à sa réfraction qu'un degré faible de vision, il faut de suite procéder à la recherche de l'astigmatisme comme nous l'indiquerons plus loin.

Lunettes pour la vision rapprochée.

Le verre propre à la vision de loin étant connu, il reste à déterminer le verre nécessaire pour voir de près. Toute accommodation faisant défaut, les lunettes à prescrire pour la *vision rapprochée* seront variables suivant la distance à laquelle on se propose d'adapter l'œil. Le plus souvent, *on ajoutera 5 dioptries au numéro trouvé pour la vue de loin*, et on obtiendra ainsi le numéro des lunettes pour près, celles-ci ayant pour effet d'adapter alors l'œil pour une distance de 20 c., puisque c'est à 20 c. que la lentille $+ 5$ fait converger les rayons parallèles, pour lesquels l'œil a d'abord été adapté grâce au verre trouvé pour la vision éloignée. Ainsi, en admettant que dans la recherche du verre pour loin on ait obtenu $+ 10$, on prescrira pour près $+ 15$.

La distance de 20 c. (à partir du point occupé par les lunettes) pour le travail sur des
objets rapprochés, pour la lecture par exemple,
est assez courte; mais on a ainsi l'avantage d'obtenir des images plus grandes, ce qui ne sera pas
sans profit si l'acuité visuelle laisse un peu à désirer, par suite de la persistance de quelques débris de la capsule dans le champ pupillaire. Si le
résultat opératoire est très satisfaisant, on pourra
se contenter d'ajouter au verre trouvé pour loin
seulement 4 dioptries, ce qui donnerait à l'œil
une adaptation pour 25 c. de distance. Lorsque
la nature des occupations l'exige, on peut même
n'ajouter que 3 dioptries, et l'œil se trouve alors
disposé pour voir nettement à 33 c.

Dans le cas où le sujet était antérieurement
très myope, et habitué par cela même à voir à une
courte distance, il y a avantage à augmenter, pour
la vision rapprochée, de 6 dioptries et plus le verre
trouvé pour loin. Ainsi, si la meilleure vision au
loin est obtenue avec un + 2, on prescrira pour
près un verre + 8, ou même + 9, suivant d'ailleurs le résultat fourni par l'expérimentation.

Les opérés de cataracte se trouvent donc dans
la nécessité de faire usage de deux sortes de lu

nettes, les unes pour voir de loin, les autres pour voir de près, et comme ils sont, par suite de l'absence du cristallin, privés de toute accommodation, il en résulte chez eux l'impossibilité de voir nettement pour les distances intermédiaires, ou pour des points plus rapprochés que ne le comportent les verres destinés à voir de près. Toutefois, en faisant varier la distance à laquelle les lunettes sont placées des yeux, l'opéré de cataracte peut en partie remédier à cet inconvénient. En éloignant les verres, il en accroîtra l'effet, tandis qu'il obtiendra un effet inverse en les rapprochant des yeux.

Prenons un exemple : admettons le cas assez fréquent où l'hypermétropie acquise, par suite de l'extraction de la cataracte, équivaut à 13 dioptries, hypermétropie qui se trouve corrigée, ainsi que nous l'avons vu, par un verre $+$ 10 tenu à 23^{mm} du point nodal. Si l'opéré descend ses lunettes sur le nez, de façon à avoir, au lieu de 23^{mm}, un éloignement de 48^{mm}, qu'arrivera-t-il? Une hypermétropie 13 correspond à un punctum remotum situé à 77^{mm} en arrière du point nodal; si à 77^{mm} nous ajoutons 48^{mm}, qui correspondent au nouvel emplacement des lunettes, nous aurons 125^{mm}, représentant le foyer du verre 8, en sorte que l'hypermétropie sera corrigée dans ces conditions par un verre + 8. Il nous restera alors, puisqu'il s'agit d'un + 10, deux dioptries, qui permettront une adaptation pour une distance de 50 c. Cet opéré de cataracte, en éloignant progressivement ses lunettes jusqu'à la distance indiquée, aura donc pu s'adapter successivement pour tous les points compris entre l'infini et un point situé à 50 c.

L'extraction de la cataracte, lorsqu'elle a été pratiquée sur un seul œil, crée une inégalité de réfringence très accusée entre les deux yeux (*anisométropie*), qui peut être une cause d'embarras pour le choix des verres à prescrire. Comme pour toute anisométropie forte, on se trouve alors dans l'obligation de sacrifier l'un des yeux. En ce qui regarde la *vision rapprochée*, si l'œil opéré présente une acuité visuelle supérieure à l'autre, parce que ce dernier offre déjà un commencement de cataracte, ou pour toute autre cause, il sera avantageux d'exclure complètement avec un verre dépoli l'œil non opéré, qui ne pourrait que gêner la vue. Dans le cas contraire, c'est-à-dire lorsque l'œil opéré jouit d'une moins bonne acuité que l'autre, qui se trouve encore intact ou à peu près.

on négligera l'œil opéré et on donnera les lunettes que réclame le bon œil, l'usage du premier étant remis à plus tard, lorsque le second refusera son service. L'opération aura toujours rendu au malade ce service d'étendre notablement son champ visuel, que restreignait la mise hors d'usage d'un œil.

Pour la vision éloignée, on pourra dans tous les cas, dans l'intérêt de l'étendue du champ visuel, laisser les deux yeux découverts, mais on ne donnera un verre du côté de l'œil opéré que si l'acuité de l'autre a déjà sensiblement diminué et se trouve inférieure à celle de l'œil privé de cristallin ; alors il sera souvent plus agréable de ne porter devant l'œil non opéré qu'un simple verre plan, surtout si ce dernier œil présentait de la myopie, ou même une hypermétropie telle que des verres convexes permettent une amélioration de l'acuité. Le patient sera d'ailleurs, pour ce qui regarde l'emploi de verres différents, le meilleur juge, et il faudra se laisser guider par ses propres indications. L'exclusion d'un œil sera toujours impérieusement réclamée en cas de diplopie.

ASTIGMATISME

Un œil normalement conformé ne peut se présenter, au point de vue de sa réfraction, que sous trois états différents : ou il est emmétrope, ou myope, ou hypermétrope. Mais ces divers modes de réfringence sont susceptibles, dans certains cas, de se grouper sur un même œil, pour donner lieu à ce qu'on appelle l'*astigmatisme*.

L'astigmatisme peut offrir une certaine régularité, en ce sens que pour chaque méridien la réfringence est la même, et ne change que d'un méridien à l'autre, d'une façon progressive et égale. C'est alors l'astigmatisme *régulier*, d'ordinaire congénital et résultant d'une anomalie de courbure de la cornée, ou quelquefois du cristallin. Cette forme d'astigmatisme peut être aussi acquise à la suite d'opérations ayant nécessité une large section de la cornée (extraction de la cataracte, iridectomie, particulièrement dans le glaucome).

Les affections inflammatoires de la cornée laissent aisément, à part les taches cornéennes, des irrégularités de courbure disposées sans ordre. produisant alors l'astigmatisme *irrégulier*. Celui-ci peut aussi se montrer spontanément à la suite d'une distension inégale de la cornée, comme le kératocone. Les modifications de réfringence qui se produisent dans le cristallin, au cours du développement de la cataracte, donnent aussi lieu facilement à un astigmatisme irrégulier.

ASTIGMATISME RÉGULIER

Dans cette forme d'astigmatisme, toutes les parties comprises dans un même méridien offrent, comme nous venons de le dire, la même réfringence, en sorte que tel méridien est emmétrope, myope ou hypermétrope de tant de dioptries. Mais, si nous considérons d'autres méridiens également espacés, la réfringence, tout en restant la même pour chacun, croîtra ou décroîtra d'une quantité égale, de telle manière qu'il existera deux méridiens perpendiculaires l'un sur l'autre, à réfringence extrême, l'un ayant le maximum, l'autre le minimum de réfringence : ce sont les *méridiens principaux*.

Si nous considérons comment se comportent pour les rayons lumineux les verres cylindriques, qui servent à la correction de l'astigmatisme régulier, nous verrons qu'ils reproduisent un mode de réfringence tout à fait analogue à ce qui se passe dans l'œil astigmate. Les rayons qui tombent suivant une ligne parallèle à l'axe, rencontrant un milieu à faces parallèles, ne subissent aucune réfraction, tandis que ceux qui traversent le cylindre, perpendiculairement à son axe, se trouvent réfractés absolument comme s'il s'agissait d'une lentille sphérique d'un nombre de dioptries égal. Pour les directions intermédiaires, nous avons une réfringence qui se transforme progressivement et d'une façon régulière en allant d'un sens vers l'autre.

Il suffira donc que le cylindre reproduise d'une manière inverse l'anomalie de réfraction, dans un cas d'astigmatisme, pour obtenir la correction de celui-ci. D'autre part, en plaçant devant un œil normal un cylindre, on créera nécessairement un astigmatisme régulier ; cette expérience permettra de se rendre un compte

exact du mode de vision des astigmates et de la
façon dont on doit procéder pour corriger l'astigmatisme.

Outre la série de verres cylindriques concaves,
ou convexes, dont sont munies les boîtes d'essai,
on devra avoir à sa disposition, pour reconnaître

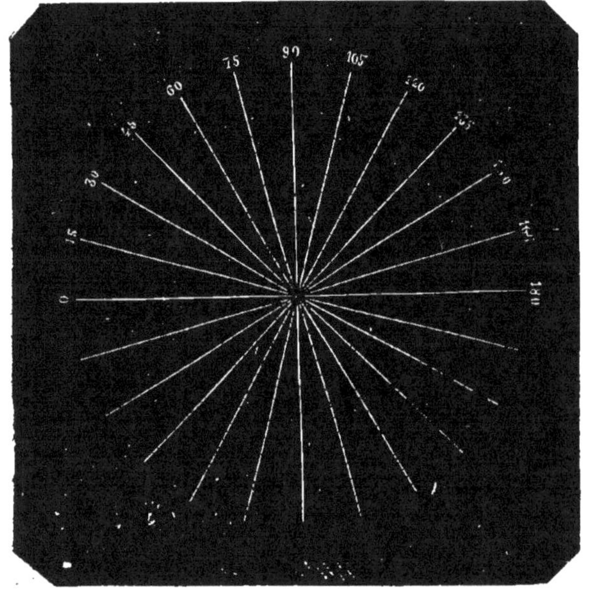

Fig. 5

et corriger l'astigmatisme, une figure en étoile,
semblable à celle des échelles métriques, formée
de rayons espacés de 15 en 15°, d'une façon analogue à ce que représente la fig. 5. Ces rayons
correspondent ainsi aux heures et aux demi-heu-

res d'un cadran d'horloge et sont notés d'une façon semblable, de manière que l'on peut à distance désigner aisément telle ou telle ligne, sans qu'il soit même nécessaire de distinguer le chiffre qu'elle porte; ainsi le patient, pour désigner le diamètre horizontal, parlera de la ligne de trois à neuf heures. Les rayons portent aussi à leur extrémité un autre chiffre, beaucoup plus petit, indiquant leur inclinaison en degrés. Enfin on trouve une troisième notation plus intérieure, et placée sur le côté de chaque rayon, qui représente la direction perpendiculaire à ce rayon, renseignement dont on a constamment besoin pour la correction de l'astigmatisme, ainsi que nous le verrons plus loin. Les rayons doivent être tenus quelque peu plus minces à mesure qu'ils se rapprochent du centre, afin qu'à distance ils ne produisent pas l'illusion inverse et ne tendent pas à se confondre.

Enfin, on devra avoir une monture d'essai à double rainure, afin d'y pouvoir placer au besoin un verre sphérique et un cylindre à la fois. Sur le bord du demi-cercle dans lequel on engage les verres, se trouvera une notation en degrés reproduisant celle de la figure rayonnée, de façon à

permettre de placer exactement l'axe du cylindre,
indiqué par une ligne tracée sur le bord du verre
cylindrique, dans une direction déterminée.

Une personne ayant les yeux normalement
constitués, emmétropes sans astigmatisme, placée
à 4 ou 5 mètres du cadran, verra nécessairement
tous les rayons avec une égale précision ; aucun
ne semblera plus noir que les autres, la réfringence se trouvant être la même pour tous les méridiens. Mais si, l'un des deux yeux étant exclu à
l'aide d'un petit écran placé dans la monture, on
interpose devant l'autre œil un verre cylindrique,
par exemple un cylindre $+4$ à axe vertical, on
aura ainsi créé artificiellement un astigmatisme
régulier, et on observera alors que toutes les
lignes du cadran se montreront plus ou moins
effacées, sauf une seule, l'horizontale, qui gardera
une entière netteté, tandis que les autres tendront
à disparaître d'autant plus qu'on se rapprochera
davantage de la verticale. Comment pourrons-
nous obtenir la correction de cet astigmatisme ?
Evidemment avec un second cylindre emboîtant
exactement le premier, de manière à l'annuler en
formant un verre à faces parallèles. Ce but sera
atteint avec un cylindre -4, ayant aussi son axe

vertical, c'est-à-dire placé suivant une *direction perpendiculaire à la ligne qui est vue la plus noire ;* à ce moment, toutes les lignes réapparaîtront avec leur précision première.

Cette expérience si simple nous donne de précieux renseignements. Elle nous montre, d'abord, que tout astigmate doit voir sur le cadran une ligne plus noire que les autres, ou pour mieux dire un diamètre. L'anomalie de réfringence étant ainsi révélée, nous savons, d'autre part, que l'astigmatisme sera corrigé par un cylindre ayant son axe placé perpendiculairement à la ligne qui est apparue la plus noire. Ceci étant une fois bien connu, nous avons déjà tous les éléments pour la constatation et la correction de l'astigmatisme, et la question devient des plus simples, pour peu que l'on ait affaire à un sujet assez intelligent et apportant quelque précision dans ses réponses.

Nous ferons ici une remarque, c'est qu'on est tout d'abord étonné, lorsqu'on observe les rayons du cadran avec un cylindre tenu verticalement, par exemple, de voir que c'est précisément la ligne verticale, parallèle à l'axe, c'est-à-dire placée dans le sens où le verre est dépourvu de réfringence, qui se trouve la plus effacée.

On s'expliquera ce phénomène, en apparence singulier, en songeant que l'effet réfringent du cylindre, correspondant à la direction perpendiculaire à l'axe, s'exerce sur toutes les lignes, quelle que soit leur direction, et que toutes sans exception subissent une diffusion dans le sens horizontal; mais, pour la ligne qui affecte cette dernière direction, le trouble ne se manifeste qu'à ses extrémités.

On se rend très bien compte de ce qui se passe ici, en observant comment se comportent, pour un œil normal muni d'un cylindre, deux lignes en croix formées de points rapprochés (fig. 6). Si le cylindre, convexe ou concave, que l'on choisira assez fort pour rendre l'expérience plus dé-

Fig. 6. Fig. 7.

monstrative, est tenu verticalement, les points situés dans ce sens forment chacun une traînée horizontale plus ou moins effacée et étalée suivant la force du cylindre, en sorte que cette ligne verticale de points disparaît à un degré va-

riable (fig. 7) ; mais pour les points placés horizontalement, qui subissent naturellement le
même phénomène, le résultat est tout différent.
Tous ces points allongés transversalement se recouvrant mutuellement, il en résulte qu'ils se
confondent en une ligne horizontale, d'un noir
très accusé, et que le trouble n'apparaît qu'aux
deux extrémités de cette ligne, ainsi que le
montre la figure 7.

Détermination de l'astigmatisme.

Lorsque nous avons à faire un examen de réfraction, nous procédons, comme nous l'avons
antérieurement indiqué, en soumettant successivement chaque œil à l'emploi des verres convexes, ou concaves, de façon à reconnaître si
l'œil examiné se comporte en emmétrope, hypermétrope, ou myope. L'examen de réfraction terminé, avec les verres sphériques, et l'œil offrant
une transparence parfaite de ses milieux, ainsi
qu'un état d'intégrité de ses membranes profondes, et, d'autre part, aucune amblyopie par
défaut d'usage ne pouvant être invoquée, nous
sommes amenés, si l'acuité visuelle reste impar-

faite, à soupçonner la présence d'un astigmatisme.

Pour obtenir un renseignement précis à cet égard, nous laisserons dans la monture d'essai à double rainure le verre convexe, ou concave, que nous avons été conduits à y placer, en suivant les règles établies pour la détermination de l'hypermétropie et de la myopie, ou bien, l'œil étant dépourvu de tout verre, s'il a paru dans le premier examen emmétrope, nous questionnerons le sujet pour savoir de quelle façon il voit les divers rayons du cadran, placé autant que possible, et si l'état de la vision le permet, à côté du tableau qui sert à déterminer l'acuité visuelle. Si les rayons sont vus avec une égale intensité, il faut chercher ailleurs la cause de la dépréciation de la vue; si au contraire une ligne ou un groupe de lignes paraît plus noir, il s'agit d'un astigmatisme.

Ceci établi, le sujet doit indiquer, avec une précision parfaite, quelle ligne le frappe par une plus grande netteté, ou, si un groupe de rayons se détache avec une égale intensité, quelle ligne forme l'axe de ce faisceau. Cette désignation lui sera facile en utilisant la notation en heures et demi-heures du cadran. On lira alors, à côté du

7.

diamètre désigné comme étant le plus noir, la direction perpendiculaire, suivant laquelle tout verre cylindrique devra être placé dans la monture d'essai. Ainsi, en admettant que la ligne de une heure à sept heures, inclinée à 120°, nous soit indiquée comme se détachant avec une plus grande intensité, la direction perpendiculaire, correspondant à une inclinaison de 30°, sera celle qui devra être donnée à tout cylindre employé, que l'on tournera dans la monture d'essai de façon que son axe corresponde exactement au chiffre 30, placé sur le bord de la rainure. Ainsi il ne peut plus y avoir, pour la direction des cylindres à essayer, le moindre tâtonnement.

La position du cylindre correcteur connue, il reste à savoir dans quelle série de verres cylindriques, convexes ou concaves, on devra faire la recherche. Cette difficulté sera vite tranchée en essayant successivement un ou deux cylindres, convexes ou concaves, que l'on placera dans la monture suivant la direction voulue, en les superposant au verre sphérique, convexe ou concave, primitivement trouvé, ou en les employant seuls si le sujet s'est tout d'abord comporté comme un emmétrope. On se renseignera alors sur la façon dont sont vus les rayons du cadran ; tandis que les cylindres d'une série tendront à égaliser les rayons, ceux de l'autre les rendront encore plus inégaux et auront pour effet d'accroître l'astigmatisme.

La série des cylindres dans laquelle doit être faite la recherche étant alors connue, il ne reste plus qu'à essayer successivement chaque cylindre, jusqu'à ce que l'on ait trouvé celui qui égalise le mieux les rayons du cadran, en les faisant apparaître *tous parfaitement noirs*, et qui permet en même temps la meilleure acuité visuelle, qui se trouvera, grâce à l'emploi d'un verre cylindrique approprié, très sensiblement améliorée, ou même souvent rendue parfaite.

Cette façon de procéder est parfaitement justifiée. Dans le premier examen avec les verres sphériques, on corrige l'amétropie pour un des méridiens principaux, ou bien on reconnaît que l'un de ces méridiens est emmétrope. Dans le second examen, on s'occupe de la correction de l'autre méridien principal avec un verre cylindrique, choisi de telle manière que tous les rayons du cadran prennent une intensité égale et parfaite.

Ce cylindre trouvé, il sera bon, pour une

exactitude parfaite, de vérifier une seconde fois le verre sphérique, en laissant le cylindre en place, et de s'assurer si un verre un peu plus faible, ou un peu plus fort, ne donnerait pas encore une meilleure acuité. On pourra aussi, pour plus de certitude, faire quelque peu varier l'inclinaison du cylindre trouvé, afin de se convaincre que la position de celui-ci est bien la meilleure.

La détermination de l'astigmatisme est donc ordinairement d'une extrême simplicité; cependant il peut arriver, par exception, que l'on rencontre des difficultés pour le choix du cylindre, et même pour l'inclinaison qu'il convient de lui donner, et cela quelque correctement que l'on procède dans l'examen de cette anomalie de réfraction. Ces difficultés résultent d'un déploiement intempestif et irrégulier de l'accommodation, en sorte que le sujet ne voit pas toujours sur le cadran la même ligne lui apparaître plus noire. A un moment, il désignera avec assurance un diamètre qui lui semble se détacher beaucoup mieux que les autres, puis, un instant après, surtout s'il est déjà fatigué par un examen un peu prolongé, il indiquera une ligne tout autre, alors que des cylindres placés d'après la première ou la seconde indication ne donneront guère de résultat favorable, ou que l'amélioration indiquée tout d'abord ne se vérifiera pas à une seconde épreuve.

Dans ces conditions, il est indispensable de se débarrasser complètement de l'accommodation par plusieurs instillations préalables d'un collyre à l'atropine, ou à la duboisine, et de reprendre quelques heures après en entier l'examen, qui cette fois pourra être régulièrement pratiqué.

On peut se faire une idée de ce qui se passe chez ces sujets, en plaçant devant son propre œil un cylindre concave de 1 ou 2 dioptries, tenu par exemple verticalement ; on constatera qu'à son gré on peut voir apparaître noire la ligne horizontale, si l'on n'use pas de son accommodation, ou bien la ligne verticale, si l'on fait un effort d'accommodation équivalent à la force réfringente du cylindre.

Notation de l'astigmatisme.

Pour écrire simplement le résultat de l'examen, après avoir noté tout d'abord de quel œil il s'agit, on commence par indiquer, suivant M. Javal, l'inclinaison que doit avoir le cylindre, puis son signe et son numéro; enfin on termine par le verre sphérique s'il y a lieu d'en faire usage. Ainsi :

$$OG\ 60° + 2 + 3,50.$$

signifie que le défaut de réfraction de cet œil gauche est corrigé par un cylindre convexe 2, incliné à 60° et associé avec un verre sphérique convexe 3,50.

$$OD\ 15° - 3$$

indiquerait un œil droit dont l'astigmatisme serait corrigé par un simple cylindre concave incliné à 15°.

En procédant suivant la méthode indiquée, il arrivera parfois que, dans le premier examen avec les verres sphériques, on aura corrigé l'amétropie pour le méridien qui nécessite le verre le plus fort, et que dans le second, le cylindre, qui se trouvera être de signe contraire, viendra en réduction sur le verre sphérique tout d'abord trouvé. On régularisera alors la formule de l'astigmatisme en soustrayant du verre sphérique le cylindre. Ainsi, supposons qu'au lieu de l'expression précédente, nous ayons obtenu la suivante :

$$60° - 2 + 3,50.$$

Cette formule pourra être simplifiée en celle-ci :

$$150° + 2 + 1,50.$$

ainsi que le démontre l'explication qui suit :

En effet, un verre sphérique peut toujours être considéré comme formé de deux cylindres, d'un numéro égal et de même signe, placés à angle droit. Ainsi un verre sphérique + 2 équivaut à deux cylindres + 2 inclinés, par exemple, l'un à 60° et l'autre à 150°. En sorte que la formule :

$$60° - 2 + 3,50,$$

pouvant se décomposer ainsi :

$$60° - 2 + 2 + 1,50,$$

il en résulte, puisque le verre sphérique + 2 équivaut à :

$$60° + 2. \ 150° + 2$$

que notre formule devient finalement :

$$150° + 2 + 1,50,$$

attendu que les cylindres + 2 et — 2, tournés dans le même sens, s'annulent.

Par un petit calcul semblable, on verrait que la formule :

$$45° + 1 - 3,$$

devient en la simplifiant :

$$135° - 1 - 2.$$

Donc lorsqu'on arrive à une formule telle que le cylindre se présente avec un signe contraire, comparativement au verre sphérique, le premier étant *plus faible* que le second, on obtient immédiatement la simplification en changeant le signe du cylindre et sa direction, qui est rendue diamétralement opposée, et en diminuant le verre sphérique d'une quantité égale au cylindre.

Dans le cas où le cylindre, d'un signe opposé au verre sphérique, se trouve *plus fort* que ce dernier, la correction équivaut à une combinaison de deux verres cylindriques de signe contraire et placés à angle droit, ainsi que nous allons le démontrer. Supposons en effet un astigmatisme corrigé par la combinaison suivante :

$$30° + 3 - 1.$$

Cette formule peut s'écrire :

$$30° + 3, \quad 30° - 1, \quad 120° -$$

ou en simplifiant :

$$30° + 2, 120° — 1.$$

Ainsi du cylindre on retranche le verre sphérique, et on remplace ce dernier par un cylindre de même signe et d'une valeur égale, incliné en sens opposé au *premier cylindre*.

Diverses formes d'astigmatisme régulier.

Le procédé de correction de l'astigmatisme ci-dessus indiqué, peut donc convenir pour toutes les formes que peut prendre cette anomalie de réfraction et que l'on désigne comme nous l'indiquerons maintenant. On distingue :

1° Un astigmatisme *simple*, *myopique* ou *hypermétropique*, corrigé avec un simple cylindre concave ou convexe, l'un des méridiens principaux étant emmétrope et l'autre myope ou hypermétrope;

2° Un astigmatisme *composé*, *myopique* ou *hypermétropique*, dont la correction est obtenue avec une combinaison d'un cylindre et d'un verre sphérique de même signe, les deux méridiens principaux se trouvant myopes ou hypermétropes, mais à des degrés différents;

3° Un astigmatisme *mixte*, qui réclame l'emploi de deux cylindres de signe contraire et perpendiculaires l'un à l'autre, l'un des méridiens étant hypermétrope et l'autre myope.

Choix des lunettes chez les astigmates.

Les règles à suivre pour la prescription des lunettes à donner aux astigmates ne diffèrent pas de celles que nous avons indiquées pour les hypermétropes, les myopes et les presbytes; mais un point important qu'il ne faut pas perdre de vue, c'est que, dans toutes les lunettes prescrites, quelles qu'elles soient, le cylindre doit toujours s'y retrouver intégralement.

S'il s'agit d'un *astigmatisme hypermétropique, simple ou composé*, chez un sujet âgé de moins de quarante-cinq ans, on conseillera, aussi bien pour voir de loin que de près, les verres tels que les a fournis l'examen de réfraction. Lorsque le sujet a passé quarante-cinq ans, il faut tenir compte, pour la vision de près, de la presbytie, et adjoindre au cylindre, si l'on a affaire à un astigmatisme simple, le verre propre à corriger la presbytie, ou bien ajouter ce dernier au verre sphérique dans le cas d'un astigmatisme composé.

Soit l'astigmatisme simple hypermétropique $105° + 2$, chez un individu âgé de 55 ans, tandis que l'on prescrira pour la vision de loin un verre $105° + 2$, on conseillera pour près $105° + 2 + 1,50$. Si l'on avait l'astigmatisme hypermétropique composé $105° + 2 + 3$, le verre pour le travail de près deviendrait $105° + 2 + 4,50$.

Lorsque l'on a affaire à un *astigmatisme myopique simple,* le cylindre correcteur doit être employé pour tous les usages; mais, si le sujet a dépassé 45 ans, il faut associer au cylindre concave un verre sphérique convexe en rapport avec la presbytie. Supposons l'astigmatisme myopique simple $90° - 2$ chez un individu âgé de 60 ans. On prescrira pour loin $90° - 2$ et pour près $90° - 2 + 2$, qui pourra se simplifier en un simple cylindre $0° + 2$.

Si *l'astigmatisme myopique est composé,* la prescription des verres se fera d'après une règle différente, suivant que le verre sphérique sera faible ou fort, ainsi que nous l'avons indiqué pour la myopie. Admettons un astigmatisme $45° - 1,50 - 2$. Pour la vue de loin, on pourra sans inconvénient donner cette combinaison, mais pour près il sera préférable de conseiller le simple cylindre 45° — 1,50. Mais, si au lieu d'un verre sphérique — 2, on avait, par exemple, — 8, c'est-à-dire si la formule de l'astigmatisme était 45° — 1,50 — 8, il serait nécessaire pour loin de diminuer le verre sphérique et de donner par exemple 45° — 1,50 — 6, tandis que pour le travail de près on réduirait de moitié le verre sphérique, en prescrivant 45° — 1,50 — 4.

Dans le cas ordinaire où il s'adjoint à l'astigmatisme myopique, de même que dans la myopie en général, une insuffisance des muscles droits internes, il faudra en outre prescrire encore des *prismes*.

Lorsqu'on a affaire à un astigmatisme mixte, il sera plus commode, pour la prescription des verres à conseiller, de ne pas modifier la formule telle que l'a fournie l'examen et de laisser subsister le verre sphérique (plus faible que le cylindre). Reprenons l'exemple antérieurement cité 30° + 3 — 1 (qui pourrait se transformer en 30° + 2, 120° — 1). Pour la vision de loin on prescrira ce même verre; pour près 30° + 3 sera peut-être préférable. Si le sujet a atteint l'âge où se montre la presbytie, il faut alors adjoindre à la première formule un verre convexe approprié. Supposons que notre astigmate soit âgé de 65 ans, il faudrait ajouter $+ 2,50$ à la combinaison $30^{\circ} + 3 - 1$, ce qui donnerait $30^{\circ} + 3 + 1,50$.

Chaque fois qu'il y a presbytie, il est très important de ne prescrire une combinaison, avec verres sphériques convexes, qu'après l'avoir préalablement expérimentée dans les lunettes d'essai, car, s'il en était besoin, il ne faudrait pas hésiter à accroître quelque peu la force de ces verres.

Dans un certain nombre de cas, l'astigmatisme est semblable sur les deux yeux; on a affaire, de chaque côté, à un cylindre de force égale dirigé de la même façon, symétriquement, et combiné avec le même verre sphérique. Mais fréquemment aussi il arrive qu'il y a inégalité de réfringence sur les deux yeux; toutefois, si la différence n'est pas trop considérable, l'*anisométropie* n'est pas un obstacle au fonctionnement simultané des deux yeux. Lorsque la différence de réfringence est très accusée, il faut s'attendre à ce que l'un des deux yeux se trouvera nécessairement sacrifié. D'ailleurs l'œil qui présente l'amétropie la plus marquée offre presque toujours une acuité visuelle plus faible, et est souvent peu capable, pour le travail, de rendre des services de quelque importance.

Examen objectif de l'œil astigmate.

Nous ne nous sommes occupé jusqu'ici que des moyens de reconnaître l'astigmatisme avec les procédés subjectifs, mais on peut aussi constater la présence d'un astigmatisme avec l'ophthalmoscope.

Le grossissement des images étant différent suivant le mode de réfraction des yeux que l'on examine, il est évident que, dans un examen à l'image droite, une papille qui serait parfaitement ronde prendra une forme ovalaire. Mais pour se convaincre que cette conformation n'est pas en réalité celle de la papille, mais tient bien à une déformation engendrée par l'astigmatisme, il sera nécessaire de pratiquer un examen à l'image renversée et de s'assurer alors que la papille prend la forme d'un ovale tourné en sens diamétralement opposé.

Dans l'examen à l'image renversée, en effet, la loupe étant placée à la distance de l'œil où on la tient habituellement, le grossissement de l'image se trouve aussi influencé par la conformation de l'œil examiné, mais d'une façon inverse, comparativement à ce qui se passe pour l'image droite. Nous avons donc, dans la comparaison de la forme de la papille à l'image droite et à l'image renversée, un moyen de reconnaître l'astigmatisme, ainsi que l'a indiqué Schweigger.

Un procédé ingénieux dû à M. Javal consiste, dans un examen à l'image renversée, à observer comment se comporte la papille, en tenant d'abord la loupe près de l'œil, et en l'éloignant ensuite progressivement. Pendant cette excursion de la loupe, on constate, dans les cas d'astigmatisme, que le disque papillaire change de forme, ce qui résulte de l'influence qu'exerce sur le grossissement de l'image, dans l'amétropie, la distance à laquelle la loupe est placée de l'œil.

Un simple examen à l'image droite peut aussi permettre de reconnaître la présence d'un astigmatisme, en utilisant la forme rayonnée qu'affectent les vaisseaux au sortir de la papille, de la même façon que nous employons, dans la méthode subjective, les rayons du cadran pour constater, d'après l'absence de netteté de certains rayons, que nous avons affaire à un astigmate.

Il arrivera, en effet, que, tandis que certains vaisseaux apparaîtront très nets, ceux qui courent dans le sens diamétralement opposé se montreront plus ou moins troublés et comme effacés. Ceci nous renseignera également sur la direction des méridiens principaux.

On conçoit très bien que, si, comme l'a indiqué M. Parent, après avoir corrigé l'amétropie pour un méridien principal avec un verre sphérique, on fait glisser derrière l'ophthalmoscope des verres cylindriques convenablement orientés, jusqu'à ce que tous les vaisseaux qui émergent de la papille deviennent parfaitement nets, on pourra ainsi obtenir, objectivement, la correction de l'astigmatisme. Ce qui rend cet examen particulièrement difficile, c'est qu'on est forcé de fixer successivement diverses parties de l'entourage de la papille, car on n'embrasse pas du regard les vaisseaux du fond de l'œil comme les rayons du disque qui sert à la détermination subjective de l'astigmatisme.

ASTIGMATISME IRRÉGULIER

Dans tous les cas d'astigmatisme irrégulier déjà signalés au commencement de ce chapitre, nous devons procéder pour l'examen de réfraction suivant les règles établies pour l'emmétropie, l'hypermétropie et la myopie; nous établirons ainsi la réfraction pour les parties réfringentes qui ont le moins souffert et qui se rapprochent le plus d'une conformation normale. Pour peu que cette anomalie de réfraction soit accusée, une réduction sensible dans l'acuité visuelle sera aussitôt constatée, ce qui résultera pour une bonne part du trouble qu'apporteront dans l'image les rayons qui pénètrent à travers les parties les plus altérées.

On remarquera dans l'astigmatisme irrégulier la fréquence de la myopie. Lorsque ce trouble de réfraction est la conséquence d'anciennes affections inflammatoires de la cornée, bien que des pertes de substance, des ulcérations aient pu provoquer un état d'aplatissement de la cornée, c'est bien plus fréquemment à une distension staphylomateuse, ayant engendré une myopie par accroissement de courbure de la cornée, que l'on a affaire.

A part cette myopie de courbure, on peut

aussi voir se développer par la suite une myopie axile, ainsi que le démontre la remarquable fréquence de staphylomes postérieurs, parfois très larges, que l'on observe chez les individus dont les cornées ont autrefois souffert de kératites. C'est qu'en effet, pour compenser en partie la dépréciation qu'a subie leur acuité visuelle, ces malades recherchent des images plus grandes, en rapprochant le plus possible les objets fixés, et en faisant un usage immodéré de leur accommodation. Le développement du kératocone donne aussi lieu à l'apparition d'un haut degré de myopie. Enfin, lorsque le cristallin commence à s'opacifier, sa réfringence se modifie de telle façon que, le plus souvent, on voit apparaître une myopie qui atteint parfois un degré élevé.

Bien qu'il s'agisse d'un astigmatisme irrégulier, il peut se faire que certains méridiens, ou que certaines parties de méridiens, présentent une réfraction assez uniforme, et que les modifications de réfringence pour les méridiens voisins se produisent suivant une progression non absolument irrégulière ; c'est ce que démontre l'amélioration visuelle parfois assez notable que donne l'emploi d'un cylindre.

En conséquence, dans tous les cas cités plus haut, il conviendra pour un examen complet, après avoir corrigé la réfraction avec un verre sphérique s'il y a lieu, c'est-à-dire si l'astigmate ne se comporte pas comme un emmétrope, de rechercher sur le cadran comment se présentent pour le malade les divers rayons qui le composent. Si certaines lignes apparaissent plus noires que les autres, on corrigera, d'après les règles indiquées plus haut, la portion régulière que peut offrir l'astigmatisme irrégulier.

Un autre moyen propre à améliorer l'acuité visuelle, dans le trouble de réfraction qui nous occupe, consiste dans l'emploi des *fentes sténopéïques*, qui agissent en éliminant de la vision les parties réfringentes les plus altérées, dont l'effet est de venir troubler davantage les images fournies par les points qui ont le moins souffert.

Ces fentes ne pourront pratiquement être utilisées qu'à condition de n'être pas trop étroites, de façon à ne pas restreindre démesurément le champ visuel, et à ne pas réduire dans une proportion très marquée l'éclairage; aussi ne pourront-elles guère présenter une largeur moindre que 1 millimètre 1/2, et encore devront-elles être réservées exclusivement pour le travail sur des objets rapprochés. Dans aucun cas elles ne pourront convenir pour la vision à distance, car dans ces conditions un large champ visuel, même avec une vision centrale très défectueuse, sera toujours préféré.

Donc, après avoir corrigé autant que possible la réfraction avec les verres, dans l'astigmatisme irrégulier, il sera nécessaire de faire encore un essai avec la fente sténopéïque, pour rechercher si, dans une position déterminée, l'emploi de cette fente ne permet pas une amélioration de l'acuité visuelle sur le tableau qui, placé à 5 mètres, a servi à l'examen de réfraction. Pour cela, on placera dans la lunette graduée, par-dessus les verres trouvés, le petit disque percé d'une fente dont sont munies les boîtes d'essai, et, le sujet observant attentivement le tableau, on fera tourner ce disque pour s'assurer si, sous une certaine inclinaison de la fente, l'acuité visuelle monte d'une façon notable.

Pour les lunettes à prescrire, on se guidera sur les conseils antérieurement donnés pour le choix des verres chez les hypermétropes, les myopes, les presbytes et les astigmates. Pour la vision de près seulement, des fentes sténopéiques pourront être dans quelques cas utilement prescrites. Un vernis noir opaque recouvrant le verre permettra de ménager une fente de largeur variable, dirigée horizontalement, comme c'est le cas le plus fréquent, ou inclinée d'un nombre de degrés déterminé.

L'examen ophthalmoscopique à l'image renversée permet de constater avec une extrême facilité la présence d'un astigmatisme irrégulier. En observant la papille, on sera frappé de la déformation que subit son contour, surtout si, en déplaçant latéralement la loupe, on oblige les rayons à passer par les parties réfringentes les plus altérées. Dans ce mouvement de l'image, qui suit le déplacement de la loupe, on notera un tortillement caractéristique des limites de la papille.

Pour se renseigner sur le siège de l'astigmatisme, c'est à l'éclairage avec le miroir plan qu'il faudra avoir recours. On reconnaîtra ainsi l'irrégularité de la surface cornéenne, par le jeu d'ombre et de lumière que l'on obtient en faisant pivoter le miroir. La présence d'un kératocone donnera lieu à une tache circonscrite ombrée, mobile sous les déplacements du miroir, mais ne s'éloignant

8.

pas des parties centrales de la cornée. Enfin on reconnaîtra la cataracte commençante à la présence d'opacités fixes occupant des points situés au delà du plan pupillaire, et lorsqu'il s'agit seulement d'une différence de réfringence des diverses parties du cristallin précédant l'opacification, à une série de rayons alternativement clairs et foncés, formant par leur ensemble une sorte d'étoile.

PERCEPTION DES COULEURS

Après avoir étudié la vision centrale au point
de vue de la perception des formes, de façon à en
déduire l'acuité visuelle, nous devons aussi rechercher comment, dans la vision directe, les
couleurs sont perçues. Un trouble dans la perception des couleurs peut, en effet, être congénital,
ou se montrer à la suite de maladies de l'œil carac-
térisées par l'atrophie du nerf optique, et souvent
consécutives à des affections cérébrales ou spi-
nales. D'autres fois aussi l'altération chromatique
apparaît sous certaines influences toxiques, en
particulier dans l'intoxication nicotico-alcoolique,
ou se développe au cours d'affections nerveuses,
comme l'hystérie. L'étude de la perception des
couleurs n'est pas seulement importante pour ce
qui regarde le diagnostic de ces affections, mais
elle prend encore un intérêt tout particulier chez

les personnes appelées à reconnaître des signaux colorés sur les lignes de chemin de fer ou en mer.

Il peut se faire que les couleurs soient seulement plus difficilement perçues que dans l'état normal, parce qu'elles produisent sur l'œil une impression moins vive : il s'agit alors d'une *dyschromatopsie*. D'autres fois, la couleur n'est nullement perçue et on a affaire à une *achromatopsie*. L'une et l'autre forme peuvent être *partielles* ou *totales*, c'est-à-dire que l'altération atteint seulement certaines ou toutes les couleurs. L'achromatopsie totale *congénitale* est extrèrement rare, tandis qu'il est plus fréquent de rencontrer une achromatopsie partielle, portant particulièrement sur le rouge (*daltonisme*).

Les couleurs les plus pures nous sont fournies par la décomposition de la lumière blanche à l'aide d'un prisme. Les matières colorées, papiers, laines, verres, sont aussi employées pour l'étude qui nous occupe, et présentent cet avantage d'être plus aisément maniées ; mais, quel que soit le soin que l'on apporte à leur choix, on n'arrive jamais à trouver des échantillons absolument semblables aux couleurs spectrales. Il suffit pour s'en convaincre d'étudier à travers un prisme une couleur, en apparence absolument pure, pour reconnaître qu'elle n'est que la résultante d'un certain nombre de couleurs simples.

Couleurs spectrales.

Lorsqu'on veut faire usage des couleurs du spectre, on peut avoir recours au spectroscope, essentiellement formé d'un tube muni à une extrémité d'une fente, que l'on peut à volonté rétrécir ou élargir, et par laquelle pénètre la lumière qui doit être décomposée. Une lentille convexe, disposée dans l'intérieur du tube et qu'on peut déplacer, permet l'adaptation de l'œil pour la fente. Enfin, plus en avant se trouve un prisme. L'intensité du spectre est d'autant plus marquée que la source lumineuse est plus vive; aussi la lumière solaire est-elle préférable. En rétrécissant la fente, on affaiblit de plus en plus les couleurs du spectre.

On peut aussi recevoir sur un écran, dans une chambre obscure, le spectre fourni par un mince filet de lumière qui pénètre à travers une fente mobile et traverse ensuite un prisme. En observant le spectre à travers un verre dépoli sur lequel on le projette, il est possible, à l'aide d'un écran muni d'une ouverture, d'isoler telle ou telle couleur que l'on veut présenter au patient.

Dans les cas d'achromatopsie, la couleur du spectre pour laquelle le sujet est aveugle fait défaut. S'il est privé de la perception du rouge, le spectre est raccourci et ne commence pour le malade qu'au jaune. Lorsque c'est une couleur située non à une extrémité, mais dans la continuité du spectre, qui n'est pas perçue, la partie occupée par cette couleur est remplacée par une teinte sombre plus ou moins foncée, et les extrémités apparaissent avec tout leur éclat. Dans l'achromatopsie partielle, il faut encore questionner le malade pour savoir quelle est la partie du spectre qui se montre la plus claire. Au lieu du jaune qu'indique l'œil normal, l'aveugle pour le rouge signalera habituellement la région du bleu vert.

Papiers colorés.

De petits carrés de papier diversement colorés que l'on présente à la personne examinée, en l'invitant à dénommer la couleur, peuvent être employés pour avoir une notion sommaire sur le sens chromatique; mais il faut remarquer qu'une semblable méthode expose à des erreurs, certains individus peu cultivés ne sachant que très vaguement comment telle ou telle couleur doit être désignée; d'autres, très exercés, pouvant deviner parfois la couleur de l'objet présenté, simplement par l'intensité lumineuse sous laquelle ils ont appris que telle ou telle couleur leur apparaît. Ils nuancent alors sans distinguer.

Dans la dyschromatopsie, il sera possible d'évaluer par un chiffre la réduction de la vision pour une couleur donnée, en recherchant à quelle distance maxima le sujet doit se placer pour reconnaître la coloration d'un petit disque de papier de cette couleur, et sachant d'autre part jusqu'à quelle distance cette même couleur est reconnue par un œil normal. Le pouvoir de distinction des couleurs est en effet proportionnel au carré de la distance à laquelle les couleurs sont distinguées et inversement proportionnel au carré du diamètre de l'objet coloré (Donders).

Pour une surface colorée déterminée, la distance à laquelle la couleur peut être perçue sera variable, en supposant un œil reposé, et non fatigué par l'éclat d'une lumière vive, blanche ou colorée, suivant le degré de *saturation* de la couleur, car on affaiblit de plus en plus l'impression que fournit une couleur en la mélangeant de blanc. L'éclairage exercera aussi nécessairement une influence très marquée, et, d'autre part, les résultats seront encore modifiés suivant que les surfaces colorées seront présentées sur un fond blanc ou sur un fond noir, dont l'effet sera différent avec la couleur employée. Enfin, suivant qu'on expérimentera sur telle ou telle couleur, on notera encore des différences très sensibles.

Acuité chromatique.

1° ECHELLES.

Pour construire une échelle de couleurs propre à déterminer l'acuité chromatique, ainsi que nous l'avons fait, on peut adopter, comme pour le tableau qui sert à l'acuité visuelle, une distance de 5 mètres à laquelle sera placé le sujet. Dans le but de représenter la perception normale des couleurs, au lieu de surfaces colorées très restreintes, on prendra, pour les six couleurs principales, des carrés égaux, d'un centimètre de côté, tracés sur fond blanc. Chaque carré sera occupé par une couleur d'une teinte assez légère pour que cette couleur ne puisse guère être reconnue au delà de 5 mètres par un œil jouissant d'une bonne perception chromatique.

Comme il s'agit ici, non de mesures linéaires, mais de surfaces dont le sujet doit apprécier la couleur, il en résulte que l'on devra procéder autrement, pour la confection d'une échelle chromatique, qu'on ne l'a fait pour le tableau qui sert à déterminer l'acuité visuelle. Un carré coloré d'une hauteur double, c'est-à-dire de 2 centimètres de côté, représentant une surface quadruple, correspondra à une acuité chromatique $C = \frac{1}{4}$. Pour $C = \frac{2}{3}$, on donnera au carré coloré une hauteur égale à $\sqrt{150}$, soit 12 millim. 25; pour $C = \frac{1}{2}$, le carré aura 14 millim. 14 de côté, représentant $\sqrt{200}$, etc. On dressera ainsi un tableau dont l'usage sera analogue à l'échelle d'acuité visuelle.

Pour obtenir l'acuité chromatique relative à une couleur donnée, dans un cas de dyschromatopsie, on recherchera dans quelle série se trouve le plus petit carré de cette couleur que peut reconnaître le sujet placé à 5 mètres, et on lira, sur le côté de la rangée de carrés, la fraction représentant l'acuité pour cette surface colorée. Si C se trouve plus petit que $\frac{1}{10}$, correspondant aux carrés colorés les plus grands du tableau, on rapprochera celui-ci du sujet, de façon à permettre la perception de la couleur dont on s'occupe. En admettant qu'il ait fallu, par exemple, réduire la distance à la moitié, c'est-à-dire à 2 m. 50, C deviendra alors $\frac{1}{40}$.

Notons que dans cet examen il est urgent que l'œil soit adapté pour la distance à laquelle est placé le tableau, c'est-à-dire qu'il faut tout d'abord corriger toute anomalie de réfraction qui pourrait exister. Il faut aussi remarquer que, la perception des couleurs étant influencée par l'éclairage, il sera nécessaire, avant de commencer l'examen, que l'observateur s'assure lui-même qu'à la distance habituelle de 5 mètres, il peut reconnaître les couleurs de la plus petite rangée de carrés ; s'il en était autrement, on remédierait au défaut de lumière en rapprochant quelque peu le tableau.

2° Appareil rotatif.

Le disque rotatif de Maxwell, permettant de mélanger, en telle proportion qu'on le veut, une couleur avec du blanc ou du noir, a été utilisé par M. Landolt pour rechercher jusqu'à quel point l'intensité d'une couleur peut être diminuée sans cesser d'être perçue. Ce procédé chromato-ptométrique a été désigné par lui sous le nom de *méthode des intensités minima*. On fixe sur le disque de l'instrument un cercle de papier noir ou de papier blanc, suivant qu'on veut mélanger la couleur avec le noir ou le blanc, et d'autre part on fait pénétrer par l'incision suivant un rayon, que présente le disque, un secteur de papier coloré d'un rayon égal, dont on peut ainsi varier facile-ment l'étendue.

Un mouvement rapide de rotation étant im-primé au disque, on cherche par tâtonnement le plus petit nombre de degrés, qui peut être donné au secteur coloré, pour que le dyschro-matope puisse encore reconnaître la couleur dont on a fait usage. M. Landolt pense « qu'on ne peut pas considérer comme dyschromatope un œil auquel il ne faut pas plus de couleur sur

360° que : rouge 18°, vert clair 8°, bleu 26°; et dans le mélange du noir : rouge 3°, vert clair 1°, bleu 3°. »

Mélanges des couleurs.

Cet appareil rotatif fournira d'ailleurs un excellent moyen pour obtenir aisément tous les mélanges possibles de couleur; c'est ainsi qu'en mélangeant les trois couleurs fondamentales, rouge, vert, violet ou bleu, on pourra trouver des proportions telles qu'un œil sain ne recevra plus qu'une impression de gris. Si l'on a affaire à un achromatope, il sera possible d'atteindre le même résultat avec deux seulement de ces trois couleurs, celle que l'on peut alors éliminer correspondant à la couleur pour laquelle il est aveugle. Afin de s'assurer que la combinaison des deux couleurs employées donne bien une sensation de gris, on produit en même temps dans une petite étendue centrale du disque, et de la même façon, un mélange de blanc et de noir; le gris qui en résulte doit servir de point de comparaison. Malheureusement, les meilleurs appareils rotatifs se détériorent vite lorsqu'on veut en faire un usage journalier et fréquent; c'est ce qui empêche cette méthode de se vulgariser dans les cliniques.

Contraste simultané.

On a aussi voulu, pour étudier la perception des couleurs, utiliser le *contraste simultané*. M. Weber se sert à cet effet de feuilles de papier diversement colorées, recouvertes d'un papier très mince et demi transparent, permettant d'apercevoir au-dessous la teinte du papier employé. Si entre deux on interpose un fragment de papier gris, celui-ci prend à travers le transparent la couleur complémentaire du papier coloré sous-jacent. Ainsi, pour un fond violet, nous aurons dans l'étendue occupée par le papier gris une coloration jaune vert; pour le vert foncé, rose; pour le vert pâle, pourpre; pour le jaune, bleu; pour le rouge, vert-bleu, et inversement. On trouvera à la fin de l'ouvrage plusieurs spécimens de ce mode de production des couleurs.

Il faut reconnaître que ces colorations obtenues par contraste sont souvent quelque peu vagues et qu'elles supposent pour être, dans chaque cas, exactement distinguées, un sens chromatique bien délicat. Toutefois, à ce point de vue même, cette méthode peut rendre des services, d'autant plus que le sujet n'est nullement prévenu de ce qu'il doit voir et ne subit ainsi aucune influence capable d'altérer le résultat de l'examen.

Achromatopsie acquise.

Dans le cas particulier où l'on étudie une achromatopsie acquise, les méthodes qui consistent à faire désigner par le patient la couleur de tel ou tel objet coloré qu'on lui présente, peuvent en général être appliquées et donner un résultat suffisamment exact; car le sujet, ayant antérieurement disposé d'un sens chromatique normal, a pu se faire une idée précise, qu'il a conservée, des couleurs auxquelles s'appliquent les désignations habituelles. Quiconque a examiné la perception des couleurs chez un grand nombre de malades atteints d'atrophie papillaire aura certainement observé comment les couleurs exactement, ou inexactement reconnues, sont, en général, dans des examens successifs, dénommées de la même façon. Lorsque le vert et le rouge ne sont plus perçus, si l'on présente au patient un échantillon d'une de ces couleurs, il les désignera, après un examen attentif, comme étant du gris, par exemple. Si l'on prend un échantillon bleu, cette couleur sera aussitôt indiquée sans hésitation.

L'ordre dans lequel s'effectue la cécité pour les couleurs fondamentales, dans l'atrophie du nerf optique, est le suivant : le vert cesse d'abord d'être perçu, le rouge ensuite; puis vient le bleu, dont la perception persiste souvent aussi longtemps qu'il reste un vestige de vue. L'examen est donc ici très simple en général; et dans le cas où il existe seulement une dyschromatopsie, précédant la cécité pour les couleurs dans l'atrophie progressive du nerf optique, on pourra, à l'aide de l'échelle indiquée plus haut (voy. p. 144), chiffrer approximativement l'acuité chromatique.

Achromatopsie congénitale.

Mais, lorsqu'on a affaire à un cas de cécité congénitale pour une couleur fondamentale, les conditions sont tout autres, attendu que, le sujet ne possédant alors que deux perceptions fondamentales, aucune couleur, à proprement parler, ne se montre à lui de la même façon qu'à un œil normal, pour lequel toute couleur est toujours une combinaison du rouge, du vert et du violet (ou bleu), même s'il s'agit d'une de ces trois dernières, ou du moins désignées comme telles. Ainsi, si les éléments percepteurs du rouge ou du vert font défaut, dans les deux cas le vert et le rouge se montreront à ces achromatopes avec la même couleur, et, comme ils ont entendu désigner celle-ci sous deux noms différents, ils emploieront tantôt une expression, tantôt l'autre, sans que l'on arrive le plus souvent à connaître pour quelle couleur ils sont en réalité aveugles.

Si parfois l'achromatope peut faire la différence entre ces deux couleurs, c'est qu'il se laisse simplement guider par l'intensité de la lumière. Pour qu'un aveugle pour le rouge, en effet, trouve une similitude parfaite entre une nuance rouge et une verte, c'est à la condition que la verte se montre à un œil normal beaucoup moins intense et plus foncée que la rouge. Dans le cas de cécité pour le vert, c'est la chose inverse qui se présente; pour qu'une nuance verte et une rouge paraissent semblables à cet achromatope, il est nécessaire

que la verte soit bien plus lumineuse que la
rouge.

De ce qui précède, il résulte qu'une méthode
d'examen du sens chromatique ne donnera de
garanties sérieuses, particulièrement chez les
employés de chemin de fer, que si l'on exclut
toute dénomination de couleurs, pour se baser
uniquement sur la comparaison que devra faire
l'examiné entre différentes couleurs, les erreurs
ainsi commises prenant alors une signification
précise.

Procédé de Holmgren.

C'est sur ce principe que repose le procédé de
Holmgren, remarquable par sa simplicité et les
excellents résultats qu'il a fournis. Quelques
instants suffisent pour reconnaître si une personne dispose d'un sens chromatique normal ou
vicié, et, en procédant méthodiquement, il est aisé
de conclure à quelle espèce de trouble chromatique on a affaire.

Pour ce mode d'examen, on n'a besoin de rien
autre que d'un choix de petits écheveaux de laine
à broder renfermant toutes les couleurs et plu-

9.

sieurs nuances de chaque couleur; en outre, chaque nuance doit être représentée par une série d'échantillons gradués clairs et foncés.

D'après notre méthode, dit Holmgren, l'examinateur prend, dans cette collection de laine à broder mise en un tas sur une table convenable, et met de côté un écheveau de la couleur sur laquelle il veut spécialement examiner le sujet; puis il invite ce dernier à chercher les autres écheveaux qui se rapprochent le plus de la couleur de l'échantillon et à les placer à côté de celui-ci. On juge du sens chromatique de l'individu d'après la manière dont il s'acquitte de cette tâche.

Pour un examen rapide et sûr, le choix de l'écheveau à présenter au sujet n'est pas indifférent. Holmgren conseille de faire usage tout d'abord d'un *vert clair*, pour reconnaître si le sens chromatique de l'examiné est normal ou non. Si un vice dans la perception des couleurs a été constaté, une seconde épreuve avec le *pourpre* (rose) permet de décider à quelle espèce de cécité chromatique on a affaire.

Nous avons donc à distinguer des *couleurs d'échantillon* et, d'autre part, des *couleurs de con-*

fusion, qui sont celles dont le vicié fait choix, parce qu'elles lui paraissent semblables à l'échantillon qui lui a été donné. La planche XI, empruntée à Holmgren, représente les unes et les autres ; les premières sont dirigées horizontalement, les secondes verticalement. L'examen, suivant l'auteur, s'exécute de la façon suivante :

1° L'échantillon *vert* (A du tableau) est remis au sujet. La nuance doit en être très claire et d'un vert pur, ne tirant ni sur le jaune ni sur le bleu.

On prolongera l'examen jusqu'à ce que le sujet ait placé près de l'échantillon tous les autres écheveaux de la même nuance, ou encore, avec ceux-ci ou isolément, un ou plusieurs écheveaux de la classe correspondant aux couleurs de confusion 1 à 5, ou bien jusqu'à ce qu'il ait montré par sa manière de faire qu'il peut facilement et sûrement distinguer les couleurs de confusion, ou qu'il ait fait preuve d'une difficulté incontestable pour accomplir cette tâche.

Les conclusions à tirer de cette première épreuve sont celles-ci : Celui qui place à côté de l'échantillon une des couleurs de confusion 1 à 5, c'est-à-dire la trouve semblable à A, est vicié. Celui

qui, sans commettre entièrement cette confusion, y montre une disposition manifeste, a un
sens chromatique faible.

L'épreuve est suffisante, si elle n'a pour but
que de décider si une personne est viciée ou non;
mais, si l'on veut en outre déterminer l'espèce et
le degré de son sens chromatique vicié, il faut
procéder encore à une seconde expérience.

2° L'écheveau *pourpre* est remis au sujet. La
couleur doit se trouver entre les nuances les plus
foncées et les plus claires. Elle doit correspondre
à peu près à B du tableau.

L'épreuve doit se poursuivre jusqu'à ce que
l'examiné ait placé à côté du spécimen ou tous, ou
la plupart des écheveaux appartenant à la même
nuance, ou bien en même temps ou isolément un
ou plusieurs écheveaux de confusion 6 à 9. Celui
qui se méprend choisit, ou les numéros 6 et 7,
c'est-à-dire les nuances claires et foncées du bleu
et du violet, par préférence les foncées, ou bien
les numéros 8 et 9, c'est-à-dire les nuances claires
et foncées d'une espèce de vert et de gris, tirant
au bleu.

Le diagnostic s'établit comme suit : Le vicié,
d'après la première épreuve, qui ne prend à la

seconde que des écheveaux pourpres, est incomplètement vicié. Celui qui, à la seconde épreuve, prend, seul ou avec du pourpre, du bleu et du violet (6 et 7), ou l'un des deux, est complètement aveugle pour le *rouge*. Celui qui, dans cette seconde épreuve, prend, seul ou avec du pourpre, du vert et du gris (8 et 9), ou l'un des deux, est complètement aveugle pour le *vert*.

L'aveugle pour le rouge n'approuve jamais l'épreuve de l'aveugle pour le vert et *vice versa*. Cependant il arrive en certains cas que l'aveugle pour le vert prend un écheveau violet ou bleu, mais toujours dans les nuances les plus claires. Cela ne doit pas agir sur le diagnostic. L'examen peut se terminer par cette épreuve, dont les résultats peuvent être considérés comme parfaitement établis. Notons qu'au point de vue pratique, c'est-à-dire en ce qui regarde l'examen des employés de chemins de fer, il ne serait pas même nécessaire de décider si la cécité complète partielle est celle du rouge ou celle du vert.

Nous n'avons pas, ajoute Holmgren, donné de règle pour découvrir la cécité totale des couleurs, parce que nous n'avons pas trouvé de cas de cette espèce. S'il devait s'en rencontrer, on les reconnaîtrait, d'après la théorie, à la confusion de toutes les nuances possédant la même intensité de lumière. La cécité pour le *violet* doit se reconnaître, pendant la seconde épreuve, à une réelle confusion entre le pourpre, le rouge et l'orangé.

Méthode de Daae.

Une méthode analogue à la précédente, basée aussi sur la comparaison, est celle du Dr *Daae*, qui se sert également de laines à broder de diverses couleurs, fixées par petits carrés sur un canevas, de façon à former des séries horizontales. Parmi celles-ci, les unes sont composées d'une même couleur, mais d'intensité différente pour chaque carré, la coloration se dégradant insensiblement à partir de l'échantillon le plus foncé jusqu'au plus clair. Les autres renferment des carrés de couleurs différentes et forment d'une ligne à l'autre une progression dans laquelle la différence de coloration devient de plus en plus étendue et disparate, suivant la rangée que l'on considère. On trouvera planche XII un spécimen quelque peu simplifié du tableau de Daae.

L'examen s'exécute de la façon suivante :

On présente le tableau convenablement éclairé à la personne que l'on se propose d'examiner, en lui faisant observer que certaines lignes horizontales sont formées d'une seule couleur, bien que chaque échantillon diffère du voisin en allant du foncé au clair.

Puis, désignant la première rangée, on demande si tous les carrés sont de même couleur ou de couleurs différentes. La réponse donnée, on passe à la seconde rangée, et ainsi de suite pour tout le tableau.

Si aucune erreur n'a été commise par le sujet, c'est qu'il dispose d'une perception normale des couleurs. Si, au contraire, il a désigné comme ne présentant qu'une même couleur une ligne où il existe en réalité des couleurs différentes, c'est qu'il est achromatope, et à un degré d'autant plus élevé que l'erreur aura été commise sur une rangée où les couleurs sont plus disparates, comme on le voit pour la dernière ligne du tableau.

Dans le cas où le sujet ne verrait comme formée d'une même couleur (à part la deuxième et la quatrième rangée, qui présentent seulement du vert ou du rouge) que la première ligne, c'est qu'on aurait affaire à un achromatope du plus faible degré. La même erreur produite pour la troisième ligne indiquerait déjà une achromatopsie plus accusée ; et ainsi de suite pour les autres lignes qui correspondent à une altération de plus en plus grande du sens chromatique.

Le procédé de Daae permet de reconnaître très rapidement si, chez une personne, la perception des couleurs est viciée ; mais il est fort difficile de se rendre compte de l'espèce de vice chromatique auquel on a affaire. Ici, en effet, l'arrangement des laines est fixé d'avance, et le sujet n'a plus à faire un choix où les erreurs commises prennent une valeur diagnostique toute particulière. Toutefois, lorsqu'on se propose uniquement de reconnaître si tel individu possède une perception normale des couleurs, comme chez les employés des chemins de fer, cette méthode très simple peut parfaitement remplir le but.

Les *tableaux chromatiques de Stilling* ont aussi été établis d'après le même principe. Ils consistent en des lettres colorées imprimées sur un fond formé par une couleur de confusion, de telle façon qu'elles ne peuvent être lues par des

achromatopes qui confondent les deux couleurs.
Des lettres de couleur très pâle tracées sur un
fond gris (échelles de Wecker) échapperont aussi
aisément à une personne dont la perception chromatique est altérée. Pour que les examens prati-
qués avec ces tableaux aient toute leur valeur,
il est de la plus grande importance que les
lettres ne se distinguent pas du fond par un bril-
lant plus accusé, ce que l'on n'obtient qu'avec
une certaine difficulté dans l'exécution de ces
planches.

CHAMP VISUEL

Jusqu'ici, nous ne nous sommes occupé que de la vision directe, c'est-à-dire des fonctions propres à la partie très restreinte de la rétine qui correspond à la macula; nous devons maintenant porter notre attention sur le fonctionnement périphérique de la rétine et sur la vision indirecte.

Toute l'étendue qui peut être embrassée d'un seul coup d'œil constitue le *champ visuel*. Ainsi, l'œil étant fixé sur un objet, les points les plus excentriques dont cet œil recevra une impression représenteront les limites du champ visuel. Celui-ci offre ainsi la forme d'un espace conique, ayant pour sommet l'œil et dont la base se trouve d'autant plus étendue qu'elle est plus éloignée.

Une façon très simple de tracer le champ visuel d'un œil consisterait donc à faire fixer un point sur une surface plane, perpendiculaire à la ligne visuelle, un mur si l'on veut, et à rechercher avec un objet bien éclairé, un petit morceau de papier blanc, par exemple, la distance la plus éloignée où cet objet peut encore être indirectement perçu par l'œil sur lequel on expérimente. On obtiendrait alors, dans un cas physiologique, en réunissant les divers points ainsi trouvés par une ligne continue, une figure plus ou moins irrégulièrement circulaire, ayant à peu près pour centre le point fixé.

Cette courbe ainsi déterminée donnerait une idée de l'étendue sensible de la rétine, mais prendrait des dimensions d'autant plus considérables que l'œil serait plus éloigné de la surface sur laquelle on ferait l'examen. On ne pourrait tirer de conclusions d'un pareil tracé qu'à la condition d'opérer toujours à la même distance, et de connaître au préalable les dimensions qu'offre, pour une distance égale, le champ visuel d'un œil normal.

Campimètre.

C'est sur ce principe qu'est fondé l'instrument de de Wecker désigné, par lui, sous le nom de

campimètre (fig. 8). Il consiste en un tableau noir
muni au centre d'une croix blanche, ou d'un petit

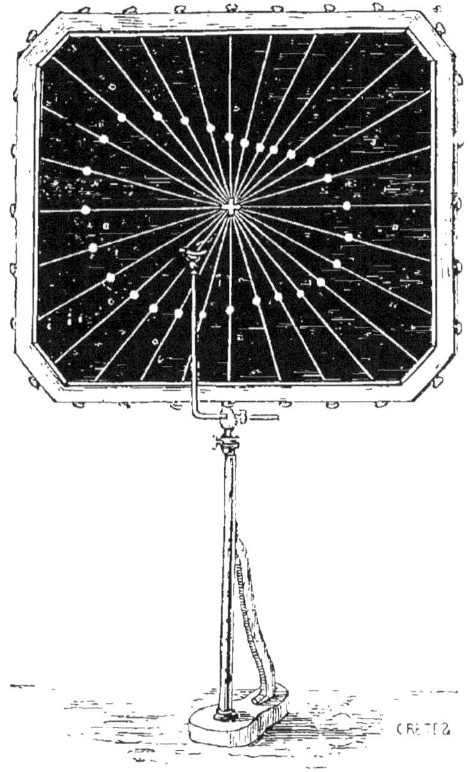

Fig. 8.

disque de même couleur, pour servir de point de
fixation, et d'un appui sur lequel le patient place
son menton, de façon que l'œil en expérience
se trouve à la même hauteur que la petite figure

blanche qu'il doit fixer. Dans le modèle primitif.
représenté ci-contre, le tableau était muni de rai-
nures dans lesquelles on faisait glisser, de la périphérie vers le centre, de petits disques blancs
jusqu'au moment où ils commençaient à être
perçus.

Cette façon si simple de procéder n'a guère de
valeur que pour la personne qui l'emploie et qui
se place toujours dans les mêmes conditions de
distance, entre l'œil en expérience et le tableau.
Un champ visuel exprimé en mesures linéaires,
en centimètres, ne signifiera rien si l'on n'ajoute
la distance à laquelle se trouvait l'œil du tableau.
Encore faut-il remarquer qu'un champ visuel
projeté sur un plan s'étale et couvre une surface
de plus en plus considérable à mesure qu'il s'agit
d'une direction plus oblique; de manière qu'une
longueur de 10 centimètres, considérée à la périphérie ou au centre d'un champ visuel, sera loin
d'être équivalente à une étendue de rétine qui
serait la même dans les deux points correspondants.

Ainsi, en supposant qu'un champ visuel normal s'étende jusqu'à 60 centimètres pour une
direction et une distance données, si dans un

cas pathologique, pour la même distance de l'œil au tableau, on ne trouve dans une semblable direction que 30 centimètres, on ne sera pas en droit de dire que de ce côté la moitié de la rétine est hors de service, attendu que ces 30 centimètres correspondraient à une étendue de rétine très notablement moindre.

C'est cette déformation très accusée que subit le champ visuel dans ses parties périphériques, lorsqu'on se sert d'un plan, qui fait que, dans les examens campimétriques, on est obligé de placer l'œil très près du tableau, si l'on ne veut donner à ce dernier des dimensions considérables.

Il en sera tout autrement si, au lieu d'un plan, on fait usage d'une surface sphérique, d'un rayon quelconque, mais au centre de laquelle on a soin de placer l'œil en expérience. En exprimant l'étendue du champ visuel en degrés, on obtiendra un résultat qui sera immédiatement compris de tout le monde. Il y aura d'autre part similitude entre la courbe tracée sur la calotte sphérique et la partie sensible du fond de l'œil, de manière que des espaces égaux sur le tracé, dans quelque partie qu'on les considère, représenteront aussi une étendue égale de la rétine, mais, bien entendu, située dans un point tout à fait opposé, à cause de l'entrecroisement que subissent les rayons dans l'œil, où les images viennent se peindre renversées. Ainsi la moitié supérieure du champ visuel correspondra à la moitié inférieure de la rétine, la partie interne sera la représentation de la portion externe du fond de l'œil et *vice versa.*

Périmètre.

Le premier instrument de ce genre a été construit par Aubert, mais il a été en réalité introduit dans la pratique par Fœrster qui lui donné le nom de *périmètre* (fig. 9). Cet appareil, dont ne diffèrent guère ceux construits plus récemment, consiste essentiellement en un arc métallique plat, représentant un demi-cercle et fixé à son milieu sur une colonne par un pivot autour duquel il peut tourner de manière à engendrer par sa rotation une demi-sphère. Cet arc est gradué à partir de son sommet, qui forme le zéro jusqu'à ses deux extrémités, qui atteignent ainsi 90°. Le rayon mesure habituellement un pied ; c'est à cette distance, qui représente le centre de l'instrument, que doit se trouver l'œil dont on veut déterminer le champ visuel, l'autre œil étant couvert.

Un petit appui mobile, que l'on peut plus ou moins élever, est destiné à recevoir le menton du patient, tandis qu'une tige fixe attenant au support de la mentonnière, et terminée par une petite plaque d'ivoire arquée *b*, est disposée de telle façon que, le rebord orbitaire étant appliqué contre cette plaque, le centre optique de l'œil coïncide sensiblement avec le centre de l'instrument. Pendant l'examen, l'œil doit fixer le milieu de l'arc, c'est-à-dire le zéro où se trouve un petit disque blanc qui sert de point de mire.

Un autre disque semblable de 1 cent. 1/2 de diamètre, fixé dans une coulisse *d* qui glisse sur toute l'étendue de l'arc, est mis en mouvement par une corde sans fin, et sert à rechercher le point le plus éloigné où peut s'étendre le champ visuel dans le méridien correspondant à la position de l'arc.

L'œil fixant très exactement le zéro, et la coulisse portant le petit disque blanc étant préalablement amenée à l'extrémité de sa course, on approche peu à peu cette coulisse du centre, jusqu'au moment précis où le disque est aperçu par le pa-

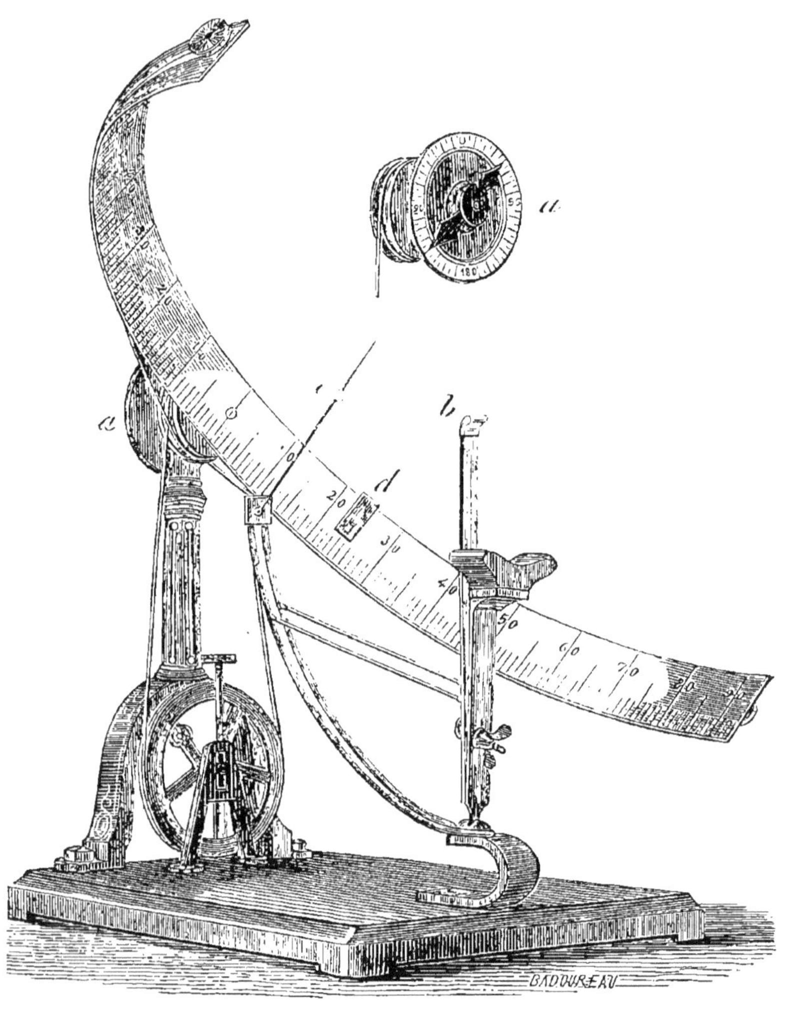

Fig. 9.

Ce dessin, dû à M. Fœrster même, représente un des premiers modèles
du périmètre. On y voit encore en bas la poulie servant à mettre en
mouvement la corde qui fait tourner l'arc.

tient; on note alors sur l'arc le nombre de degrés correspondant, puis on répète la même expérience pour l'autre extrémité de l'arc.

Les limites du champ visuel étant connues pour un méridien, on change l'inclinaison de l'arc et on procède de la même manière pour obtenir les extrémités du champ visuel pour ce nouveau méridien, et ainsi de suite pour un nombre aussi considérable de méridiens que l'on veut. Une aiguille fixée au sommet de l'arc, qui se meut sur un cadran divisé en degrés placé derrière l'instrument *a, a*, permet de connaître à chaque expérience l'exacte inclinaison de l'arc.

Nous avons dit que le sujet devait fixer le sommet de l'arc, c'est-à-dire le zéro. Cependant on n'a pas toujours procédé ainsi, et Fœrster donnait le conseil de faire diriger le regard du patient non pas sur le milieu de l'arc, mais un peu obliquement sur une petite boule d'ivoire mobile *c*, dont était muni son périmètre, que l'on plaçait, en utilisant la division de l'arc, à 15° en dedans du centre de l'instrument par rapport à l'œil en expérience.

Fœrster se flattait ainsi de faire correspondre avec le sommet de la demi-sphère engendrée par la rotation de l'arc, non la macula, mais la papille. Il obtenait alors un champ visuel plus symétrique, et en outre plus aisément comparable avec l'examen ophthalmoscopique, dans lequel le point de repère naturel pour l'exploration du fond de l'œil est aussi la papille.

Malgré ces avantages, cette pratique n'a pas prévalu, la macula représentant en réalité le point le plus important de la rétine, son véritable centre, celui autour duquel, dans nombreuses affections, se rétrécit le champ visuel. Enfin ajoutons que la distance qui sépare la papille de la macula n'est pas constante, et qu'en prenant une mesure fixe de 15°, on s'expose dans les cas extrêmes à une erreur de 4 degrés (voy. plus loin, *tache de Mariotte*, p. 190).

Mesures normales du champ visuel.

Les dimensions d'un champ visuel peuvent être modifiées par diverses causes, mais elles résultent en première ligne de l'étendue de la rétine pourvue de sensibilité. On sait que la rétine s'étend, dans la partie antérieure de l'œil, plus du côté interne que du côté externe, outre que dans cette dernière direction la sensibilité de la rétine s'éteint avant la terminaison de cette membrane. Il en résulte donc qu'un champ visuel normal sera toujours moins étendu en dedans qu'en dehors.

Un facteur qu'on ne peut négliger est l'intensité de l'éclairage. Si l'on procède à des déterminations de champ visuel avec une lumière d'intensité variable, on obtiendra des résultats sensiblement différents. En se plaçant au voisinage d'une fenêtre bien éclairée, le champ visuel s'étend en dehors au delà de 90° ; tandis que si l'on opère dans une chambre noire, à la lumière d'une lampe, les dimensions d'un champ visuel normal n'excéderont guère dans ce sens 75°.

Pour que des expériences de cette nature soient comparables entre elles, il faut donc qu'elles aient lieu dans des conditions identiques d'éclairage. La lumière naturelle étant essentiellement variable, nous préférons faire nos examens de champ visuel dans l'obscurité, en nous servant d'une lampe qui donne toujours une lumière d'intensité sensiblement égale.

L'étendue de l'objet blanc dont on se sert pour reconnaître les limites d'un champ visuel n'a, dans une certaine mesure, que peu d'importance. Un petit disque de quelques millimètres carrés de surface fournit, il est vrai, un champ visuel quelque peu rétréci ; mais, dès que le disque blanc atteint une surface de un centimètre carré, les limites du champ visuel restent sensiblement égales, même si l'on donne à l'objet des dimensions notablement supérieures. Dans ce dernier cas, il arrive en effet que le patient, fixant le zéro du périmètre, n'attend pas pour prévenir l'observateur que tout l'objet blanc soit nettement perçu, mais l'avertit dès qu'il voit seulement une partie de cet objet. Le diamètre de 1 cent. 1/2 donné au disque blanc mobile du périmètre est donc parfaitement convenable, mais on peut aussi se servir (M. Schœn) d'un petit carré blanc de deux centimètres de côté (donnant 4 cent. carrés de surface) sans que les limites du champ visuel en soient modifiées.

Contrairement à ce que l'on pourrait supposer, le diamètre de la pupille n'a guère d'influence sur l'étendue du champ visuel, mais il en est tout autrement des parties qui avoisinent l'œil et qui viennent faire obstacle à l'extension du champ visuel, surtout lorsque le globe oculaire est très

enfoncé dans l'orbite. La saillie formée par la ra-
cine du nez donnera lieu à un rétrécissement
dans la partie interne du champ visuel suivant le
diamètre horizontal ; et une réduction plus marquée encore se montrera dans la direction du
rayon inféro-interne, à cause de l'obstacle formé
par le nez même. La paupière supérieure incomplètement relevée et le rebord orbitaire supérieur
peuvent aussi réduire sensiblement le champ
visuel en haut.

L'action sur l'étendue du champ visuel des parties avoisinant l'œil peut être éliminée, en donnant, pendant l'exploration, pour chacune des
quatre directions principales, une position convenable à la tête du patient, tandis que son œil fixe
toujours le zéro du périmètre. Pour éviter des
déplacements qui allongent toujours l'examen
et fatiguent les malades, nous nous contentons,
au lieu de placer la tête du sujet exactement en
face de l'instrument, de faire tourner la face
quelque peu en dedans et de conserver cette position pendant toute la durée de l'examen.

De cette manière, la réduction du champ visuel
du côté interne est sensiblement diminuée, en
même temps que dans la partie externe les dimen-

sions normales du champ visuel sont conservées grâce à l'absence d'obstacle naturel de ce côté. Quand on arrive à l'exploration de la partie supérieure du champ visuel, il suffit en général de recommander au patient de bien ouvrir l'œil, pour n'avoir pas de ce côté de réduction trop sensible. En bas, le rebord orbitaire inférieur ne donne habituellement qu'une minime diminution des limites du champ visuel.

Avant de commencer l'examen, il est nécessaire de bien renseigner le patient sur ce qu'on veut obtenir de lui. Il faut le prévenir que son œil ne doit pas quitter le zéro de l'instrument, pendant que l'on fera avancer graduellement de la périphérie vers le centre le petit disque blanc. Il devra alors indiquer le moment précis, non pas où il a le vague sentiment de quelque chose qui se déplace, mais où un objet blanc lui apparaît.

En procédant comme nous venons de l'indiquer et en se servant de la lumière artificielle, on trouve que les limites d'un champ visuel normal peuvent être représentées de la façon suivante :

En haut .... 50°
En dedans.......... 60°
En bas............. 65°
En dehors.......... 75°

Les mesures que nous donnons ici sont indiquées en chiffres ronds et souvent se montrent un peu plus étendues (voy. pl. I). Elles représentent plutôt un *minimum*, au-dessous duquel un champ visuel doit être considéré comme rétréci. Remarquons que, dans la direction du rayon inféro-interne, l'étendue du champ visuel n'excède souvent pas 40°, à cause de la saillie du nez, sans que pour cela les dimensions cessent d'être normales.

Transcription du champ visuel.

Pour transporter le résultat de l'examen périmétrique sur le papier, le procédé actuellement en usage est encore le même que celui qui a été employé dès le début par M. Fœrster. On suppose que les divers méridiens, suivant lesquels les mensurations ont été faites, se trouvent étalés sur le plan du papier, de façon à donner des divisions également espacées pour des intervalles d'un nombre égal de degrés. A chaque exploration du champ visuel dans une direction correspondante à une des lignes du schéma, on note par un point les limites trouvées; puis, lorsqu'on a obtenu un nombre de points suffisants dans diverses directions, on les réunit, non par une ligne brisée, ainsi que le font quelques-uns, mais par une courbe continue, qui représente le tracé du champ visuel (voy. pl. I).

Ce procédé si simple n'est cependant pas parfait. Car, si l'arc du périmètre peut être exactement étendu sur un plan, il n'en est pas de même de la demi-sphère engendrée par la rotation de cet arc. Une calotte sphérique, telle qu'on pourrait se la représenter avec la moitié d'une peau d'orange, ne pourrait être à peu près mise en contact avec un plan qu'à condition d'y faire des incisions rayonnant à partir de son milieu, et on verrait alors que les divers segments se trouveraient d'autant plus distants les uns des autres qu'il s'agirait de parties plus périphériques.

Le schéma employé donne donc des intervalles trop considérables entre les méridiens, surtout dans les parties qui s'éloignent du centre. Il en résulte que, si les mesures sont exactes dans la direction des rayons, elles sont trop grandes dans le sens circulaire. En sorte que, si l'on considère dans des points excentriques une portion de champ visuel comprise dans une circonférence, celle-ci se traduira sur le schéma par un ovale allongé dans le sens des cercles.

Tout imparfait que soit ce mode de représen-tation graphique du champ visuel, il est encore préférable à celui qui consisterait à *projeter* sur un plan la demi-sphère du périmètre (M. Hirschberg), ce qui aurait pour inconvénient de donner un raccourci considérable des parties excentriques.

Difficultés pratiques dans l'emploi du périmètre.

Les déterminations de champs visuels à l'aide du périmètre sont nécessairement longues, si l'on doit répéter l'examen pour un grand nombre de directions. Il faut à chaque exploration noter le résultat sur le schéma, puis changer l'incli-naison de l'arc et faire un nouvel examen, et ainsi de suite pour tous les méridiens que l'on veut explorer. Si dans un sens déterminé le ré-sultat paraît douteux, il faut de nouveau placer l'arc dans cette direction et recommencer. Toutes manœuvres qui ne peuvent s'exécuter qu'avec une certaine dépense de temps. (Les périmètres enregistreurs sont dispendieux et se détériorent avec la plus grande facilité.

Toutefois, lorsqu'on étudie un champ visuel normal, et qu'on se propose de rechercher les extrêmes limites que peut offrir celui-ci dans des cas physiologiques, le périmètre, avec la longue excursion que peut exécuter l'objet qui sert à la mensuration, convient tout particulièrement. Mais il en est autrement lorsqu'il ne subsiste plus qu'un fragment de champ visuel dont les limites sont susceptibles de prendre les formes les plus irrégulières; les positions de l'arc doivent alors être multipliées, et encore peut-il subsister une certaine incertitude dans les véritables limites à attribuer au champ visuel.

C'est qu'en effet le petit disque blanc du périmètre ne peut se mouvoir que suivant *une seule direction*, celle des rayons; lorsque ceux-ci sont perpendiculaires aux limites du champ visuel, les réponses du malade sont très précises; mais dans le cas où ces limites se trouvent dirigées dans un sens voisin des rayons du périmètre, tout en formant des sinuosités plus ou moins marquées, les indications du patient deviennent très incertaines. Dans ces dernières conditions, il faudrait, pour arriver à la précision, pouvoir faire marcher le disque suivant des lignes variées, et dirigées normalement à cette limite du champ visuel, ce que ne permet pas le périmètre.

On éprouvera encore de plus grandes difficultés lorsqu'on se proposera de délimiter avec exactitude les lacunes (scotomes), à contours plus ou moins sinueux, qui peuvent se rencontrer dans un champ visuel, d'autant plus que la fatigue qu'entraîne nécessairement un examen prolongé rendra le concours du malade moins efficace.

Avantages du campimètre

Toutes ces difficultés cessent aussitôt si l'on a recours au campimètre. Un petit carré de carton blanc de 1 cent. 1/2 de côté, fixé dans la fente d'une tige de bois noirci, peut être aisément promené dans tous les sens à la surface du tableau noir. Le bâton de craie, qui sert à noter au fur et à mesure les limites du champ visuel, sera même utilisé avec avantage comme objet type, si l'on a soin de le fixer dans un porte-crayon noirci dont on le fera saillir de 1 cent. 1/2 à 2 centimètres. En quelques instants un champ visuel pourra être dessiné dans ses moindres détails sur le tableau noir, sans que l'on ait dû suspendre l'examen.

comme on est obligé de le faire constamment avec le périmètre pour changer l'inclinaison de l'arc, ou transcrire les résultats obtenus pour chaque position de cet arc.

Transformation de l'examen campimétrique en un examen périmétrique

Mais restent les inconvénients inhérents aux campimètres signalés au début de ce chapitre (page 165). Or, ces inconvénients disparaissent si l'on a soin, par un calcul qui peut être fait une fois pour toutes, de transformer le tracé obtenu en celui qu'aurait donné un examen périmétrique, et le campimètre devient alors un instrument absolument pratique, qui rend d'excellents services dans les cas pathologiques. Le schéma de la transposition sera noté de 5 en 5 degrés sur le tableau même, pour les principales directions, en se servant d'une couleur grise, tranchant peu sur le fond noir, afin de ne pas détourner l'attention du patient.

A mesure qu'on s'éloigne du centre, l'intervalle de 5 degrés couvre sur le tableau une étendue qui augmente rapidement; aussi, pour ne pas donner de trop grandes dimensions au campimètre, a-t-on réduit la distance à laquelle l'œil en expérience doit être placé du centre du tableau à 6 pouces (16 cent. 1/4). Dans ces conditions, les longueurs prises à partir du point de fixation, autrement dit les *tangentes,* qui correspondent à un nombre de degrés périmétriques s'accroissant de 5 en 5° sont les suivantes :

```
Pour  5°........  0m,0142
  —  10°........  0 ,0285
  —  15°........  0 ,0435
  —  20°........  0 ,059
  —  25°........  0 ,0755
  —  30°........  0 ,0935
  —  35°........  0 ,1135
  —  40°.. ....  0 .136
  —  45°........  0 ,1624
  —  50°........  0 ,1935
  —  55°........  0 ,232
  —  60°........  0 ,2813
  —  65°........  0 ,348
  --  70°........  0 ,446
  —  75°........  0 ,606
```

Il n'est pas nécessaire de donner au tableau noir un diamètre de plus de 90 centim., car, au delà de 70° il est facile d'apprécier à vue d'œil une distance excédant le campimètre de 0m 15 centim. environ, point où le champ visuel rentre alors dans les conditions normales. Une exploration exacte du champ visuel devenant surtout nécessaire dans les cas où il existe un rétrécissement, cet instrument remplit parfaitement le but que l'on se propose d'atteindre dans l'étude de cas pathologiques.

L'objection d'après laquelle on n'explorerait pas le champ visuel avec un objet donnant au fond de l'œil une image égale, puisque cet objet, en se déplaçant sur le tableau vers la périphérie, s'éloigne de plus en plus de la rétine, n'a que peu de valeur, ce que l'on conçoit si l'on se reporte à ce que nous avons dit sur l'influence de la surface de l'objet relativement à l'étendue du champ visuel (voy. p. 172). D'ailleurs rien n'empêche, pour les points excentriques, d'imprimer à la craie un petit mouvement d'oscillation qui compense son éloignement de l'œil.

Malgré les avantages pratiques du campimètre, certains ophthalmologistes préfèrent se servir uniquement du périmètre, quoique la comparaison des résultats de l'un et de l'autre examen plaide plutôt en faveur de la campimétrie. D'autres, moins exclusifs, ont recours tantôt à l'un, tantôt à l'autre, et M. Snellen a même combiné les deux instruments.

Emploi du campimètre

Voici comment on procède pour déterminer le champ visuel avec le campimètre employé à la clinique du professeur de Wecker. Le malade étant assis devant le tableau, on monte ou on descend l'appareil, qui glisse sur un pied de fonte reposant solidement sur le sol, et on le fixe à l'aide d'une vis, de façon que l'appui se trouve à une hauteur convenable pour que le menton puisse y être placé sans effort. Il faut aussi veiller à ce que l'œil se présente en face de la petite croix indiquant le centre du campimètre; pour cela, une autre vis permet d'élever ou d'abaisser la mentonnière indépendamment du tableau.

Une petite tige recourbée attenant à l'appui doit être en contact avec le rebord orbitaire inférieur, pour que l'œil se trouve exactement à la distance de 6 pouces du tableau. Toutefois le contact de cette tige étant souvent désagréable au patient, outre qu'il est encore exposé à s'y heurter l'œil s'il se place sans précaution devant l'instrument, nous préférons la supprimer et nous assurer simplement avec une règle que la distance entre l'œil et le tableau est exacte.

Nous avons soin que la tête soit légèrement tournée en dedans, comme nous l'avons déjà dit plus haut, afin que le champ visuel ne subisse pas un rétrécissement trop marqué par suite de l'obstacle formé par le nez ; cette position permet en outre, si l'observateur se place du côté opposé à l'œil en expérience, de surveiller pendant une grande partie de l'examen la parfaite direction du regard, car il est fort important pour l'exactitude de l'exploration, que l'œil soit constamment dirigé vers la croix centrale représentant le zéro.

Le petit bâton de craie étant tenu, à l'aide du porte-crayon noirci, à la surface du tableau, on le fait avancer de la périphérie vers le centre, jusqu'au moment précis où le sujet déclare l'apercevoir ; on marque alors avec la craie sur le tableau noir le point indiqué, et on recommence pour une autre direction ; on a ainsi bientôt trouvé un nombre de points suffisants, pour y faire passer avec la craie une courbe continue. Les points douteux sont rapidement vérifiés, et, dans les parties où l'on désire atteindre une plus grande précision, il est aussi possible de cerner promptement les limites du champ visuel, en faisant avancer la craie dans les directions les plus favorables pour atteindre ce but.

Dans les cas où il ne subsiste plus qu'une portion restreinte du champ visuel, et aussi pour la détermination des scotomes, dont nous parlerons plus loin, il y a avantage à se servir de la division tracée sur le cordon mobile tournant autour du centre dont est muni le tableau, et qui représente les tangentes, doubles de celles précédemment indiquées, correspondant à un rayon d'un pied (32 cent 1/2). Le tracé amplifié que l'on obtient ainsi permet une plus grande précision. On tire alors la tige portant la mentonnière jusqu'à l'extrémité de sa course, et on la fixe dans cette position, qui donne une distance d'un pied.

Le champ visuel dessiné sur le tableau, on prendra une feuille d'examen semblable aux schémas des diverses planches qui terminent ce livre, et sur laquelle on pourra très exactement, grâce aux chiffres de transposition du campimètre, reporter le tracé du champ visuel, qui ne différera alors en rien de celui qu'aurait fourni un périmètre.

Lorsqu'il ne persiste plus qu'un fragment excentrique du champ visuel, la vision centrale étant abolie, on pourra néanmoins en dessiner la configuration, en engageant le malade à regarder tout droit devant lui, comme s'il voulait voir en face, ou mieux encore en lui plaçant un doigt sur le centre de l'instrument, afin de mieux lui préciser le point où il doit diriger l'œil.

Champ visuel dans les cas d'opacité des milieux de l'œil.

La détermination du champ visuel, en procédant comme nous venons de l'indiquer, ne peut être faite qu'à condition que les milieux de l'œil soient intacts, ou au moins n'aient que peu souffert dans leur transparence. Or, il se présente des cas où, la présence de nombreux flocons du corps vitré s'opposant à une exacte exploration du fond de l'œil avec l'ophthalmoscope, l'étude du champ visuel prend, par cela même, une plus grande importance pour s'assurer qu'il n'existe pas de grave lésion des parties profondes, telle qu'un décollement de la rétine, par exemple.

Dans ces conditions, il sera encore souvent possible de se renseigner sur l'état du champ visuel, en approchant le tableau d'une fenêtre très éclairée, et en se servant d'un objet présentant une large surface blanche, comme une carte de visite qu'on fixera dans la rainure de la tige de bois noirci.

Si l'opacité des milieux est encore plus considérable, ainsi qu'on l'observe quand on a affaire à un épanchement sanguin du corps vitré, ou à une cataracte complète, on recherchera l'état de la perception lumineuse pour les points principaux de la rétine, en recommandant au patient de diriger l'œil sur lequel on expérimente vers sa main tenue devant lui, et en promenant autour de celle-ci, à une distance d'un mètre environ, une bougie que l'on couvre et découvre alternativement, le sujet devant indiquer le moment précis où la clarté apparaît ou disparaît. Si la partie inférieure de la rétine était privée de sensibilité, la bougie cesserait d'être perçue lorsqu'elle est tenue en haut.

On peut encore procéder autrement : le malade étant placé à 5 ou 6 mètres d'une lampe, on l'engagera, après avoir constaté la perception lumineuse centrale, à regarder fortement en bas. Interposant alors la main entre l'œil et la lampe, il reconnaîtra, si la sensibilité de la partie inférieure de la rétine est conservée, le moment exact où la lumière se trouve cachée. La même expérience sera répétée, pour explorer les autres parties de la rétine, en faisant diriger l'œil en haut, puis en dehors et en dedans.

Nous ferons remarquer, en passant, qu'une opération de cataracte ne peut être entreprise avec chances de succès, pour la restitution de la vue, qu'à la condition que le champ visuel soit conservé. L'exploration de la portion inférieure de la rétine doit surtout être soigneusement pratiquée, à cause du siège habituel du décollement rétinien.

Notons toutefois que le rayonnement dans diverses directions de la lumière employée ne donne pas une parfaite précision à cette façon de procéder; mais on obtiendrait une véritable exactitude en promenant à la surface du campimètre, suivant le conseil de M. de Wecker, un point lumineux, fourni par l'incandescence d'une petite tige de platine reliée à une pile, et dont on se servirait de la même façon que du bâton de craie.

Scotomes. Tache de Mariotte.

Après avoir délimité l'étendue d'un champ visuel sur le tableau noir, il convient de promener

11.

le petit bâton de craie à sa surface, afin de s'assurer qu'il n'y existe pas de lacunes ou *scotomes*. Ceux-ci peuvent être *complets*, c'est-à-dire que l'objet blanc disparaît complètement lorsqu'il pénètre dans l'étendue qu'ils occupent, ou *incomplets* lorsque cet objet s'y voile seulement à un degré plus ou moins accusé.

Un scotome complet de petite étendue existe constamment dans tout champ visuel normal : c'est la *tache de Mariotte.* Cette lacune correspond au point de pénétration du nerf optique dans l'œil, c'est-à-dire à la papille, qui occupe, par rapport à la macula, une portion du fond de l'œil siégeant en dedans et quelque peu en haut. La tache de Mariotte, ou *tache aveugle*, doit donc se trouver, sur le champ visuel, en dehors et légè-rement en bas du point de fixation.

On la rencontre habituellement à une distance de 15° du point fixé et au-dessous de l'horizontale de 3° environ. Chez l'emmétrope, cet angle de 15° est à peu près constant, mais l'écartement est un peu plus considérable chez l'hypermétrope, où il peut atteindre 19°, et au contraire moindre chez le myope, où il arrive qu'il ne dépasse pas 11°. La tache aveugle, de forme arrondie, mesure environ 5 à 6° de diamètre, mais elle prend des proportions beaucoup plus considérables (jusqu'à 18°) lorsqu'à la papille est venu s'adjoindre, comme dans les hauts degrés de myopie, un large staphylome postérieur, ayant détruit non seulement la choroïde, mais encore la rétine sus-jacente.

Il est important de bien connaître l'emplacement de cette lacune normale du champ visuel, afin de ne pas la confondre avec un scotome pathologique.

Détermination des scotomes.

Pour déterminer les limites d'un scotome sur le campimètre, après en avoir tout d'abord reconnu la présence avec le bâton de craie, on utilisera, si la lacune n'est pas trop périphérique, la division qui correspond à la distance d'un pied. Il y a aussi avantage, surtout si la lacune est peu étendue, à se servir d'un petit rectangle de carton blanc de 2 ou 3 millimètres de large sur 1 centimètre 1/2 de long, dont on engage un centimètre dans la fente de la tige de bois noirci. Le sujet fixant toujours le zéro de l'instrument, on avance lentement cette petite lame de carton vers le scotome. Le patient indique alors le moment précis où l'extrémité de la lamelle blanche se voile, dans le cas d'un scotome incomplet, ou disparaît tout à fait si l'on a affaire à un scotome complet. La facilité que l'on a de diriger l'objet dans toutes les directions possibles permet de circonscrire rapidement la lacune et de préciser le détail de ses limites.

Scotomes pathologiques.

Ces scotomes peuvent être *périphériques*, ou *centraux*, suivant les points qu'ils occupent dans le champ visuel.

Les scotomes centraux offrent surtout une grande importance, à cause de leur influence fâcheuse sur la vision directe; on les rencontre habituellement dans la périnévrite, et en particulier dans cette forme de périnévrite décrite par Leber sous le nom d'*atrophie héréditaire* des nerfs optiques, affection qui atteint souvent plusieurs membres d'une même famille.

Un scotome central s'observe également dans les altérations qui se localisent sur la macula, telles que les apoplexies occupant cette région,

et la forme de choroïdite atteignant consécutive-
ment la rétine, propre aux hauts degrés de myopie.
Dans ces cas, il n'est pas rare d'obtenir un scotome dont la configuration rappelle celle de la
tache que montre l'ophthalmoscope. Enfin la
chorio-rétinite spécifique donne parfois lieu à
l'apparition d'un scotome central.

Les scotomes périphériques se rencontrent particulièrement dans la choroïdite disséminée,
lorsque les lésions ne sont pas restées localisées
dans la membrane vasculaire de l'œil, mais ont
ultérieurement entraîné des altérations du côté
de la rétine. On peut alors trouver le champ
visuel comme criblé de petites lacunes. Des
foyers hémorrhagiques occupant çà et là la rétine,
ou un décollement rétinien circonscrit, sont
aussi la cause de l'apparition de scotomes périphériques.

Une singulière forme de scotome consiste dans
une lacune en forme de bande contournant le
point de fixation : c'est le *scotome annulaire* ou
zonulaire. On le rencontre parfois dans les diverses
formes de chorio-rétinites spécifiques chroniques
et dans la dégénérescence pigmentaire de la
rétine.

Perception des couleurs dans le champ visuel.

De même que nous avons étudié la vision directe au point de vue de la perception des couleurs, une semblable exploration doit également être pratiquée pour la vision indirecte. Les parties périphériques de la rétine sont beaucoup moins aptes à percevoir les couleurs que le centre, et montrent en outre une sensibilité fort différente suivant qu'il s'agit de telle ou telle couleur. Toutefois, si l'on fait usage de couleurs d'une intensité suffisante, comme peut les fournir la décomposition de la lumière solaire, on reconnaît que la sensibilité chromatique existe jusqu'aux limites du champ visuel et qu'il n'y a pas à proprement parler de zone rétinienne achromatope.

Mais, lorsqu'au lieu de couleurs spectrales très vives, on emploie, comme on le fait en pratique, des papiers colorés, les choses se passent tout autrement; on constate qu'au delà d'une certaine limite, variable pour chaque couleur, le ton du papier employé cesse d'être perçu.

L'examen se fait habituellement pour les trois

couleurs fondamentales, *rouge*, *vert* et *bleu*, et l'on se sert à cet effet de petits disques de papier de deux centimètres de diamètre. Pour que les résultats de ces expériences soient comparables, il est nécessaire de procéder avec un jour d'intensité à peu près égale, en se plaçant près d'une fenêtre tournée au nord.

L'échantillon coloré sera placé dans le curseur du périmètre, ou fixé dans la fente de la tige de bois noirci si l'on fait usage d'un campimètre, et on le fera avancer lentement de la périphérie vers le centre jusqu'au point où le patient, fixant le zéro de l'instrument, reconnaîtra la couleur employée. Ce point sera exactement noté, et on recommencera l'expérience pour une autre direction, de façon à obtenir un nombre suffisant de points pour pouvoir les réunir par une courbe, qui ordinairement se trouvera à peu près parallèle à la ligne qui circonscrit le champ visuel pour le blanc.

La limite de la portion du champ visuel dans laquelle une couleur est perçue sera transcrite sur le schéma en faisant usage d'une encre de coloration semblable, ce qui rendra le tracé immédiatement intelligible.

Mesures normales des champs visuels
pour les couleurs.

Les limites ainsi obtenues avec les trois couleurs mentionnées plus haut présenteront des dimensions fort différentes. Le plus petit champ visuel correspondra au vert, le plus grand au bleu, et le rouge occupera une position intermédiaire. De même que le champ visuel pour le blanc, les limites pour les couleurs seront un peu plus étendues en dehors et pourront aussi, dans des conditions physiologiques, offrir quelques différences suivant les individus, mais sans qu'elles puissent cependant tomber au-dessous de certaines dimensions.

Pour savoir où cesse l'état normal, il sera nécessaire de se rappeler que le minimum d'étendue que doit offrir le champ visuel pour le vert, qui a une forme ovalaire allongée horizontalement, se chiffre par 30° en haut, 35° en dedans et en bas et 40° en dehors. Les deux autres couleurs fournissent des courbes qui divisent à peu près en parties égales l'espace laissé libre entre la limite du vert et le champ visuel fourni par le blanc. Il suffira donc d'avoir en mémoire les limites du champ visuel avec le vert et le blanc, pour juger immédiatement si la perception chromatique périphérique peut être considérée comme normale.

Voici d'ailleurs les limites que M. Schœn, qui s'est particulièrement occupé de cette question, regarde, pour les champs des couleurs, comme physiologiques :

	Bleu.	Rouge.	Vert.
En haut...	45°	40°	30 à 35°
En dehors.......	65	60	40
En bas..........	60	50	35
En dedans.......	60	50	40

D'après des recherches ultérieurement faites par M. Landolt, le minimum d'étendue que doivent offrir normalement les champs visuels, pour les trois couleurs fondamentales, est fourni par les chiffres suivants :

	Bleu.	Rouge.	Vert.
En haut.......	50°	35°	30°
En dehors.....	80	70	55
En bas........	55	45	35
En dedans.....	50	40	30

Il existe donc des différences assez accusées suivant les observateurs, ce qui tient évidemment à la façon de procéder de chacun, à l'intensité des couleurs employées, et à l'éclairage auquel se fait l'examen. Ces expériences n'auront de valeur et ne pourront être comparées entre elles, que si elles sont pratiquées dans des conditions semblables. Chaque observateur, à l'aide de l'instrumentation dont il dispose, devra donc préalablement faire un certain nombre d'expériences sur des cas physiologiques, pour connaître tout d'abord quelles mesures lui sont normalement fournies dans les conditions où il opère. Ce sont les dimensions moyennes ainsi trouvées pour les champs des couleurs qui doivent lui servir de points de repère.

La planche I représente les mesures habituelles, que nous trouvons normalement, dans un champ visuel (œil gauche) déterminé d'abord avec le blanc, puis avec le bleu, le rouge et le vert. L'expérience est faite avec le campimètre, d'abord à la lumière artificielle pour la limite fournie par le blanc ; puis, l'instrument étant approché d'une fenêtre tournée au nord, nous recherchons jusqu'où s'étend la perception des couleurs.

Scotomes pour les couleurs.

De même que pour le champ visuel obtenu avec le blanc, il peut exister dans les champs de vision fournis par les couleurs, des lacunes où les papiers colorés, qui servent aux expériences, cessent d'être perçus dans leur véritable ton : ce sont des *scotomes pour les couleurs*, qu'on ne peut souvent délimiter qu'en faisant usage de petits objets colorés de très minime étendue, d'une façon analogue à ce que nous avons déjà indiqué pour la recherche des scotomes pour le blanc n'offrant que de petites dimensions.

Une affection où la recherche de ces lacunes dans la perception des couleurs prend une importance capitale, au point de vue du diagnostic, est l'amblyopie nicotico-alcoolique. Dans ce cas, il existe constamment en effet un scotome central pour les couleurs, qui se manifeste indépendamment de toute lacune semblable pour le blanc. Si l'amblyopie résultant de l'abus du tabac et de l'alcool est légère, le scotome se montre seulement pour le vert ; à un degré plus avancé, on le trouve aussi pour le rouge, mais toujours la perception du bleu est intacte. Dans tous les cas, les champs visuels pour le blanc et les couleurs offrent des limites périphériques parfaitement normales.

Un moyen très pratique, dont on se sert à la clinique, pour constater ce scotome, consiste à faire usage d'une carte percée d'un petit trou circulaire de 5 millimètres de diamètre, que l'on présente au malade, auquel on recommande de fixer très exactement le milieu du trou ; on fait alors passer derrière celui-ci un petit carton coloré, vert par exemple, et on demande au patient de quelle couleur est l'objet qui lui a été présenté. Il répondra le plus souvent que la coloration lui a paru grise. Faisant alors diriger son regard sur un point noir, ou une croix, tracés à quelques centimètres du trou, on recommencera la même expérience, et on constatera alors que la couleur est aussitôt reconnue.

Pour le succès de cette épreuve, il est nécessaire de disposer de petits cartons verts ou rouges d'intensité différente, car, dans les cas légers, on procédera avec des échantillons d'une coloration très claire et fera usage d'un trou d'une plus petite étendue que 5 millim. ; il sera donc utile d'avoir des cartes avec des trous d'un diamètre varié.

Importance pratique de l'examen du champ visuel pour les couleurs.

L'étude du champ visuel pour le blanc et les couleurs présente un grand intérêt pratique, non seulement au point de vue du diagnostic de certaines affections du fond de l'œil, qui parfois ne peuvent qu'ainsi être reconnues, mais encore pour ce qui regarde le *pronostic*.

Lorsque nous nous servons uniquement du blanc dans la détermination du champ visuel, nous apprenons ainsi dans quelle étendue la rétine est susceptible d'un fonctionnement; mais nous n'avons aucune idée de la mesure dans laquelle la sensibilité rétinienne est conservée. L'exploration du champ visuel avec les couleurs permet jusqu'à un certain point de se renseigner à cet égard, et, comme la perception des couleurs disparaît avant celle du blanc, nous pourrons déduire, du rétrécissement des champs pour les couleurs, la menace, pour les parties du champ visuel devenues achromatopes, d'être abolies à leur tour.

En général, plus il y a disproportion entre le champ visuel pour le blanc et celui des couleurs, au détriment du second, c'est-à-dire plus la sensibilité chromatique de la rétine, encore susceptible de percevoir le blanc, a souffert, plus le pronostic est grave. Au contraire, si, dans un cas d'amblyopie même très prononcée, on ne constate aucun rétrécissement dans le champ visuel pour le blanc ou les couleurs, on devra se rassurer sur l'issue de cet affaiblissement visuel.

Atrophie des nerfs optiques.

L'atrophie des nerfs optiques donne constamment lieu à un rétrécissement du champ visuel, au moins pour les couleurs. Lorsque la décoloration de la papille est très accusée le diagnostic d'atrophie s'établit aisément; mais, si la pâleur est à peine marquée, on peut être très embarrassé, en s'en tenant uniquement à l'examen ophthalmoscopique, pour se prononcer sur l'existence d'une atrophie papillaire au début. Ici, c'est surtout l'étude du champ visuel pour les couleurs qui vient lever les doutes.

A cette période de l'affection, en effet, la simple inspection du champ visuel avec le blanc sera souvent insuffisante, car on pourra trouver dans nombre de cas des limites sensiblement normales; mais, en procédant avec les couleurs, on constatera un rétrécissement plus ou moins accusé, démontrant que la rétine a déjà perdu une partie de sa sensibilité chromatique.

Le champ visuel représenté planche II, se rapporte à une malade chez laquelle la vision était graduellement tombée sur chaque œil à $\frac{1}{10}$. L'examen ophthalmoscopique ne montrait pas autre chose qu'une pâleur douteuse des papilles. Il s'agissait, chez cette malade, de savoir si l'affaiblissement visuel était la conséquence d'une atro·phie des nerfs optiques au début, ou si l'on devait rechercher une autre cause. Le champ visuel pour le blanc ne montrait aucun rétrécissement appréciable; mais les zones colorées étaient notablement réduites, ainsi qu'on le voit sur le tracé fourni par l'œil gauche, très analogue d'ailleurs à celui donné par le droit. Le diagnostic d'atrophie des nerfs optiques ainsi établi s'est ultérieurement vérifié.

Dès que l'atrophie papillaire est confirmée, on voit le champ visuel pour le blanc se rétrécir à son tour plus ou moins promptement, tantôt concentriquement, tantôt plus particulièrement suivant certains secteurs, en même temps que la vision centrale s'abaisse graduellement.

Bien que le mode de rétrécissement pour le blanc et les couleurs n'ait rien de fixe dans les diverses formes d'atrophie, il est cependant possible de donner quelques indications générales qui, dans un certain nombre de cas, permettront de différencier l'atrophie grise de l'atrophie blanche des nerfs optiques.

Atrophie grise.

Dans l'*atrophie grise* (de cause spinale), on est souvent frappé de la prompte atteinte portée à la sensibilité chromatique de la rétine. Les champs visuels pour le vert, puis pour le rouge, se rétrécissent de bonne heure, et une cécité complète pour ces couleurs ne tarde pas à se montrer. La limite du bleu décroît plus lentement et suit de loin la marche concentrique des autres couleurs, en laissant derrière elle une large zone achromatope dans laquelle le blanc seul est perçu. Ce mode de rétrécissement du champ visuel est d'ailleurs tout à fait en harmonie avec le pronostic particulièrement grave de l'atrophie des nerfs optiques, qui se développe dans l'ataxie locomotrice et autres affections de la moelle.

La planche III montre le champ visuel de l'œil droit, chez un homme de quarante-trois ans qui avait subi un violent traumatisme de la moelle. Une voiture lui était passée sur la région lombaire, et il en était résulté une paraplégie presque complète, avec incontinence d'urine et des matières fécales au moindre effort.

Neuf mois après l'accident, on constate que l'œil gauche ne présente plus qu'une perception quantitative de la lumière, tandis qu'à droite on trouve, avec $Hm=1$, une acuité visuelle $\frac{1}{4}$.

Comme l'indique le tracé, il existe, de ce côté droit, un champ visuel pour le blanc peu différent de l'état normal, une large étendue achromatope, une limite pour le bleu très rétrécie et une cécité complète pour le rouge et le vert.

Les pupilles offrent un degré moyen de myosis, avec immobilité à la lumière et contraction très manifeste lors de l'adaptation pour une courte distance. Quant aux papilles, elles sont décolorées et présentent une teinte gris bleuâtre marquée. Les vaisseaux centraux possèdent un calibre qui semble normal; à peine si l'on peut noter un léger amincissement des artères à gauche.

Atrophie blanche.

L'atrophie blanche (de cause cérébrale) et l'*atrophie essentielle* (qui se développe sous une influence qui échappe) montrent, dans nombre de cas, pour ce qui regarde la décroissance du champ visuel, des caractères différents. On trouve, en général, que les limites pour le blanc et les couleurs tendent plutôt à se resserrer parallèlement, la cécité pour le vert ne survenant que lorsque le champ visuel du blanc s'est déjà sensiblement rétréci, et la perception du rouge pouvant encore persister avec un champ visuel déjà très notablement réduit.

Toutefois, il faut noter qu'on rencontre de nombreuses exceptions à cette règle; mais, dans les cas où la sensibilité chromatique décroît plus promptement que nous ne l'indiquons, le pronostic prend un caractère de gravité plus grand.

Le champ visuel de la planche IV a été pris chez une jeune femme de vingt-cinq ans, atteinte d'atrophie des nerfs optiques, ayant amené une cécité complète à gauche et une réduction de l'acuité visuelle à droite telle que $V = \frac{1}{3}$ (emmétropie).

De ce côté, le champ visuel est considérablement réduit et montre encore cependant une zone pour le bleu et le rouge. Il n'y a de cécité que pour le vert. La malade fait remonter le début de son affection des yeux à deux années, époque à laquelle elle a eu de violents maux de tête, qui persistent encore actuellement, quoiqu'à un moindre degré. Décoloration très accusée des papilles, avec amincissement des vaisseaux et particulièrement des artères, surtout à gauche.

Les atrophies papillaires consécutives aux *rétinites*, aux *papillites* et aux *névrites* fournissent des champs visuels présentant un rétrécissement varié pour le blanc et les couleurs, sans caractère particulier propre à leur origine, sauf cependant le scotome central de la périnévrite, dont nous avons parlé plus haut. Parmi ces atrophies, on ne reconnaîtra celles dont l'évolution du processus qui les a engendrées est terminé, que par des examens fonctionnels successifs et suffisamment espacés, permettant de s'assurer qu'aucune nouvelle altération ne se produit dans le champ visuel.

Rétrécissements stationnaires
du champ visuel.

D'autres formes d'atrophie du nerf optique révéleront au contraire, par un seul examen, leur caractère *stationnaire*. Malgré l'absence d'une portion du champ visuel, toutes les parties conservées présenteront un fonctionnement absolument normal, avec des limites intactes pour les couleurs, qui viendront couper comme à l'emporte-pièce sur l'anfractuosité du champ visuel.

La planche V montre un exemple d'un pareil champ visuel de l'œil gauche. Le quart supéro-interne fait défaut; mais la partie qui subsiste offre des limites physiologiques pour les couleurs, qui ne s'arrêtent qu'à la ligne délimitant la lacune; il semble que d'un champ visuel normal on a simplement supprimé un fragment.

Il s'agissait d'un homme d'une cinquantaine d'années, chez lequel on constatait à l'examen ophthalmoscopique, avec une légère pâleur de la papille, l'oblitération de la branche artérielle qui se dirige en bas et en dehors (image droite). Ce vaisseau se transformait, sur le disque papillaire même, en un cordon blanc qui se perdait à une faible distance du bord de la papille. Le trouble visuel, ayant réduit l'acuité à $\frac{1}{2}$, s'était brusquement produit six mois auparavant et était vraisemblablement la conséquence d'une embolie de ce vaisseau artériel, qui avait entraîné la mise hors fonction de toute l'étendue de rétine alimentée par cette petite artère.

Hémiopie ou Hémianopsie.

A part ce cas exceptionnel, nous rencontrons fréquemment, dans les diverses formes d'*hémiopie* ou *hémianopsie*, un état d'intégrité parfaite de la moitié conservée du champ visuel, principalement dans l'*hémiopie homonyme*, où les deux moitiés du même côté (droit ou gauche) des rétines sont privées de fonctionnement. Ici la cause, telle qu'un foyer hémorrhagique, siégeant ordinairement dans un des hémisphères, l'affection peut même rétrograder et les champs visuels se rétablir complètement, comme dans le cas relaté ci-dessous.

Toutefois le point de départ de l'hémiopie homonyme pourrait aussi résider au voisinage du chiasma, et, après avoir atteint une bandelette optique, il serait possible que l'autre se trouvât à son tour envahie; c'est ce que révélerait bientôt un rétrécissement dans les limites des couleurs sur les moitiés de champ visuel persistantes.

Nous citerons comme exemple d'hémiopie homonyme le cas suivant : une dame de soixante ans se présente pour un trouble visuel, remontant à trois semaines, et survenu brusquement après avoir pris un bain chaud. Un embarras marqué de la parole et une grande faiblesse, qui persistèrent seulement quelques heures, ont accompagné le début de l'affection oculaire ; depuis, il ne subsiste plus que des douleurs frontales plus ou moins vives, siégeant surtout à gauche.

L'acuité visuelle est normale , et l'examen ophthalmoscopique ne révèle aucune altération appréciable du fond des yeux; mais, si l'on procède à l'examen des champs visuels, on trouve exactement que les deux moitiés *droites* font défaut. Les limites pour les couleurs sont normales de chaque côté, et s'arrêtent en un point qui coïncide avec la ligne très nette de démarcation des champs visuels. La planche VI montre l'état du champ visuel de l'œil gauche, dont la moitié gauche seulement persiste, et qui est tout à fait analogue à celui de l'œil droit réduit aussi à sa moitié gauche. Quelques semaines plus tard, les champs visuels avaient reparu en totalité, et la malade ne conservait aucunes traces de son affection oculaire.

Dans l'*hémiopie croisée*, il est beaucoup moins ordinaire que le pronostic soit aussi favorable et que les moitiés persistantes des champs visuels présentent des limites parfaitement normales pour les couleurs. La ligne de démarcation du champ visuel ne se dessine plus habituellement avec la même précision que dans la forme précédente. C'est qu'il s'agit en effet ici d'une lésion ayant agi sur une portion limitée du chiasma, mais qui peut à un moment donné prendre une plus grande extension, et menacer les moitiés conservées des champs visuels, ce qu'indiquerait aussitôt un rétrécissement dans les limites pour les couleurs. Ici, l'hémiopie n'est donc, dans certains cas, qu'un état transitoire et simplement une phase par laquelle passe une affection plus grave.

L'hémiopie croisée se présente presque constamment sous la forme d'hémiopie *temporale,* dans laquelle les deux moitiés externes des champs visuels font défaut. L'hémiopie nasale est tout à fait exceptionnelle.

La planche VII offre un exemple d'hémiopie temporale, l'autre champ visuel étant aussi réduit à sa moitié interne. Il s'agissait d'une femme âgée de quarante ans, qui, à la suite d'une fièvre typhoïde il y a dix années, avait commencé à voir sa vue s'affaiblir. Toutefois le trouble visuel ne s'est surtout accentué que dans ces derniers temps, et cela sans dérangement notable dans son état général de santé.

Les papilles offrent une pâleur marquée, sans altération bien appréciable dans le calibre des vaisseaux. Les champs visuels sont réduits à leur moitié interne et s'arrêtent du côté atteint par une ligne assez irrégulière. A gauche (planche VII), les limites pour les couleurs se sont très sensiblement resserrées, et l'acuité est réduite à $\frac{1}{6}$. A droite, le rétrécissement des sensations colorées est de beaucoup moindre, et on trouve $V = \frac{1}{2}$. Nous avons, par la suite, constaté quelque tendance progressive de l'affection, du

moins du côté gauche, car à droite l'état de l'œil
est resté le même.

Glaucome.

Le *glaucome* affecte en général, dans la façon
dont se rétrécit le champ visuel, des caractères
tout particuliers. Le rétrécissement, pour le
blanc, part tout d'abord du côté interne, et tend
progressivement à se rapprocher du point de
fixation. A mesure que la limite interne s'avance
vers le centre, les parties supérieure et inférieure
du champ visuel commencent à se réduire à leur
tour; la portion externe seule garde ses dimensions normales. A une période avancée, la vision
directe étant abolie, la limite interne passe en
dehors du point central, et le champ visuel tend
à se réduire à un espace de plus en plus circonscrit situé en dehors.

Les limites pour les couleurs suivent le mouvement de retrait du blanc, mais, chose remarquable, en conservant entre elles leurs rapports
ordinaires, de manière que sur un champ visuel
très rétréci, et même excentrique, on peut retrouver des limites pour le vert, le rouge et le

bleu espacées dans une proportion qui rappelle l'état physiologique.

On voit, planche VIII, un exemple de champ visuel pris sur un œil gauche affecté de glaucome chronique simple. Malgré le rétrécissement très accusé du champ visuel et la profonde excavation que présentait la papille, l'acuité visuelle conservée est encore équivalente à $\frac{1}{2}$. Comme d'ordinaire, les couleurs sont exactement perçues, et dans une étendue qui en dehors n'est pas très éloignée des mesures normales.

Dans un cas d'atrophie papillaire qui aurait amené un pareil rétrécissement du champ visuel, la sensibilité chromatique se trouverait certainement atteinte dans une proportion beaucoup plus accusée. Ainsi qu'on peut le voir planche IV et surtout planche III, il est infiniment probable qu'il existerait déjà une cécité pour le vert, et peut-être aussi pour le rouge, et que la limite du bleu s'éloignerait davantage de celle du blanc.

Dégénérescence pigmentaire de la rétine.

Une autre affection qui donne aussi lieu à un mode de rétrécissement du champ visuel tout spécial, à ce point que le tracé de celui-ci pourrait souvent suffire à lui seul pour établir le diagnostic, c'est la *dégénérescence pigmentaire de la rétine*. Ici, ce qui frappe, c'est l'intégrité relative des parties centrales de la rétine, malgré la perte de toute sensibilité dans une étendue périphérique de cette membrane variable, mais parfois très considérable.

Au début, alors que l'ophthalmoscope ne montre que peu de taches pigmentées dans des points tout à fait excentriques, le champ visuel peut n'avoir pas souffert d'une façon appréciable; mais, à une époque avancée de l'évolution de la maladie, on rencontre des champs visuels habituellement réduits à un petit disque, de quelques degrés de rayon, et dans lesquels se retrouvent des limites très voisines les unes des autres pour les couleurs ordinaires, l'acuité visuelle se montrant d'ailleurs parfois normale, ou n'étant que peu réduite.

C'est ce qu'on peut voir planche IX, où le champ visuel présente un rayon qui ne dépasse pas 10° dans les points les plus rétrécis. Cependant le vert, le rouge et le bleu sont perçus dans une assez grande étendue de ce champ visuel, et l'acuité visuelle conservée est égale à $\frac{2}{3}$, et cela malgré l'abondante infiltration de pigment que présentait la rétine et l'atrophie jaune déjà assez marquée de la papille. L'œil droit de ce malade, jeune homme d'un vingtaine d'années, offrait un état tout à fait analogue.

Décollement de la rétine.

Enfin nous signalerons une dernière maladie du fond de l'œil, où l'étude du champ visuel fournit encore de précieux renseignements : nous voulons parler du *décollement de la rétine.* La détermination du champ visuel avec le blanc permet de reconnaître exactement les portions de la rétine qui n'ont pas perdu leurs rapports normaux, et de suivre la marche d'un décollement. Ainsi, dans un cas où l'on ne trouverait plus, comme cela se présente assez souvent, que la moitié inférieure d'un champ visuel, on en concluerait que la rétine est détachée dans toute sa moitié inférieure.

La recherche des limites pour les couleurs rend encore ici des services, parce qu'elle montre, d'après l'étendue de la zone achromatope du côté où le champ visuel a été entamé, comment fonctionne la rétine voisine du décollement. Si, après plusieurs examens successifs, on trouve que les limites pour les couleurs, d'abord voisines du tracé fourni par le blanc, tendent à s'éloigner de celui-ci, on devra s'attendre à une extension prochaine du décollement. Notons toutefois que, en l'absence d'examens antérieurs, un semblable tracé pourrait aussi être considéré comme l'indice d'un commencement de réapplication de la rétine.

Le champ visuel de la planche X a été pris chez un homme, myope depuis son jeune âge, et qui présentait un décollement de la rétine droite dont le début remontait à un mois. Cet œil s'est surtout affaibli récemment et ne lui permet plus que de compter les doigts jusqu'à 0 m. 75. Le champ visuel se trouve presque réduit au quart inféro-externe, ce qui démontre que la rétine ne se trouve guère dans sa situation normale que dans son quart supéro-interne. En outre, les limites des couleurs s'arrêtent à 10° environ de la délimitation fournie par le blanc, circonstance qui doit faire craindre une nouvelle progression du décollement.

MOUVEMENTS DES YEUX

Considérons d'abord un œil isolément. Grâce aux six muscles qui se fixent sur le globe de l'œil, celui-ci est susceptible d'exécuter dans toutes les directions, en tournant autour de son centre de rotation, peu différent du centre de figure, des mouvements plus ou moins étendus, sur lesquels nous pouvons grossièrement nous renseigner en faisant fixer au sujet, dont la tête reste immobile, un objet, tel que le doigt, que l'on porte dans divers sens, et en observant les déplacements de la pupille; les extrémités de la fente palpébrale pouvant servir de points de repère pour la direction horizontale.

Mais si l'on veut procéder avec précision, il faut rechercher le *champ de regard* (Helmholtz), dont la courbe comprend les points extrêmes que peut atteindre la vision directe.

Détermination subjective du champ de regard.

1° EMPLOI DU PÉRIMÈTRE

Pour déterminer le champ du regard, on fera usage du périmètre, dans le curseur duquel on placera une lettre de l'alphabet, d'une dimension telle qu'elle soit aisément distinguée lorsque le sujet la fixe à la distance du rayon de l'instrument, c'est-à-dire à un pied, mais assez petite cependant pour qu'elle s'efface dans la vision indirecte. La tête étant placée bien droite sur l'appui et maintenue au besoin par un aide, de façon que l'œil en expérience se trouve dirigé sans effort vers le zéro, situé sur la même ligne horizontale que lui (*position primaire*), on fera marcher la lettre du centre vers la périphérie, en invitant le sujet à la suivre du regard, jusqu'au moment où elle cessera d'être vue directement, ce qu'il devra aussitôt indiquer.

Pour contrôler l'exactitude du point trouvé, on pourra exécuter la manœuvre inverse, c'est-à-dire faire porter l'œil le plus possible dans la direction où l'on expérimente, et approcher la lettre de la périphérie vers le centre, en notant l'endroit où elle commence à être nettement perçue.

Ce point sera alors reporté sur le même schéma qui sert à transcrire le champ visuel. Cette expérience ayant été pratiquée pour les directions verticale et horizontale, et pour les positions intermédiaires, on obtiendra un nombre de points suffisants pour les réunir par une courbe, figurant les limites d'excursion de l'œil.

2° EMPLOI DU CAMPIMÈTRE

Le même examen peut aussi être pratiqué avec le campimètre. Pour cela, on tirera la tringle, sur laquelle est fixé l'appui, jusqu'à l'extrémité de sa course, de façon à avoir un pied comme distance entre l'œil et le tableau, et on utilisera la division en tangentes qui correspond à un rayon d'un pied. La détermination du champ de regard se fait de la même façon que nous venons de l'indiquer pour le périmètre, avec cet avantage qu'elle peut être alors plus rapidement exécutée, attendu que l'on n'a plus de changements de position à faire subir à l'instrument.

Il est vrai que la lettre, tracée sur un petit

morceau de carton fixé dans la fente de la tige de bois noirci, ne se présente plus à l'œil avec une grandeur uniforme, puisqu'on la fait mouvoir sur un plan et que la distance devient de plus en plus grande à mesure qu'on transporte la lettre sur des points périphériques; mais les mouvements d'excursion de l'œil ne dépassant guère 45 à 50°, suivant les directions, il en résulte que les modifications, dans la grandeur sous laquelle apparaît la lettre, ne sont pas considérables et peuvent être parfaitement négligées dans la pratique.

D'ailleurs on ne donne pas à la lettre des dimensions telles qu'elle puisse être à peine perçue pour la distance à laquelle on expérimente, on la choisit un peu plus grande, de façon qu'elle soit aisément reconnue; et, dans le cas où l'on se sert du campimètre, on s'assurera tout d'abord que la lettre dont on a fait choix est facilement lue à 0 m. 50, représentant environ la distance qui sépare l'œil du tableau pour une inclinaison de 45°. Le champ de regard peut ainsi être rapidement dessiné sur le tableau et transporté sur la feuille d'examen; il est alors parfaitement semblable au tracé fourni par le périmètre.

Détermination objective du champ de regard.

La limite d'excursion d'un œil pour une direction donnée, et par suite le champ de regard, peuvent encore être *objectivement* déterminés à l'aide du périmètre, ce qui permet d'examiner à ce point de vue des yeux amblyopes. Comme dans l'examen subjectif, l'œil, dans sa position primaire, occupant le centre de l'instrument, on engage le patient à porter le regard le long de l'arc, dans le sens où l'on veut expérimenter, aussi loin que possible. On juge alors de la position de l'œil en appliquant le moyen indiqué par M. Javal, et qui consiste à faire mouvoir le long de l'arc une petite bougie allumée, jusqu'à ce que l'on ait trouvé une position où l'observateur, placé derrière la bougie, voie la flamme se peindre exactement au centre de la cornée. On lit alors sur l'arc le nombre de degrés correspondant au point occupé par la bougie. En répétant l'expérience pour diverses positions, on obtient ainsi le champ de regard.

Angle α.

Il faut cependant noter que ce que nous obtenons, en expérimentant ainsi avec la bougie, est,

non pas l'angle formé par la *ligne visuelle*, mais
bien la position occupée par l'*axe optique*, traversant approximativement le centre de la cornée.
Tandis que l'axe optique est la ligne *a*K (fig. 10)

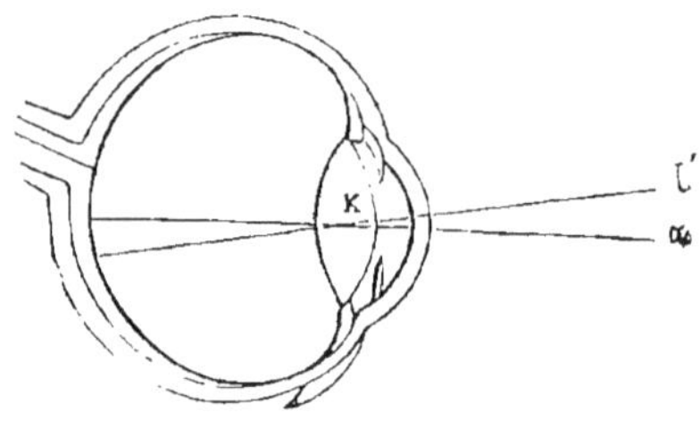

Fig. 10.

qui passe par le centre optique K, et tombe perpendiculairement sur la cornée, la ligne visuelle
*l'*K réunit le point fixé et la macula, en passant
également par le centre optique ou point nodal
K. Or ces deux lignes forment entre elles un
angle, l'angle α, car habituellement la macula est
située en dehors du point du fond de l'œil où
tombe l'axe optique, ou, autrement dit, la ligne
visuelle traverse la cornée en un point placé en
dedans de son centre, celui-ci coïncidant sensiblement avec le passage de l'axe optique. Dans
ces conditions, l'angle α est dit *positif*.

Si l'on veut opérer avec rigueur, il faudra
donc tenir compte dans la recherche de la li-

mite d'excursion de l'œil, pour la direction horizontale, de l'angle α, atteignant parfois 7 et 8° chez l'hypermétrope ; autrement, en se guidant uniquement sur la position du centre de la cornée, on trouverait une excursion trop étendue en dehors et au contraire trop restreinte en dedans d'une quantité égale. En conséquence, il faudra retrancher l'angle α pour la première direction et l'ajouter pour la seconde.

Dans le cas d'emmétropie, cet angle est moins étendu (4 à 5°) et diminue encore chez le myope, où il peut devenir nul et même *négatif*, la ligne visuelle passant alors en *dehors* du centre de la cornée. Dans ces dernières conditions, on devrait, bien entendu, faire la correction inverse.

Mensuration de l'angle α.

L'angle α est d'ailleurs aisément déterminé, suivant le procédé de M. Javal, en faisant fixer à l'œil en expérience le zéro du périmètre, pendant que l'on promène la bougie le long de l'arc, d'un côté ou de l'autre suivant le cas. Lorsque, visant l'œil directement au-dessus de la flamme, on trouve le reflet de celle-ci au centre de la cornée, on note le point de l'arc occupé par la bougie et représentant l'angle α. Dans le cas habituel où la bougie a dû être transportée en dehors, par rapport à l'œil observé, l'angle α est positif ; si elle coïncide avec le zéro, l'angle est nul ; enfin celui-ci serait négatif, si la position de la bougie était interne.

Mesures normales du champ de regard.

Quelle que soit la méthode, ou l'instrument, dont on fasse usage pour mesurer le champ de regard, on obtient, dans l'état physiologique, des limites peu différentes, qui peuvent être représentées par des chiffres simples faciles à mettre en mémoire. En haut, en dedans et en dehors, on trouve normalement en chiffres ronds 45° (plus exactement 1 ou 2° de moins en haut et souvent 1 ou 2° de plus en dedans et en dehors), mais en bas le mouvement d'excursion de l'œil est un peu plus étendu et dépasse souvent 50 pour atteindre même parfois 55°. En bas et en dedans, au contraire, la limite est plus restreinte, à cause de l'obstacle du nez, et atteint à peine 40°. Du côté externe et obliquement en bas et en haut, c'est-à-dire dans le sens d'action du grand et du petit oblique, on trouvera, pour la première direction, que la limite avoisine 50°, et, pour la seconde, qu'elle dépasse 45° et arrive souvent à 48°.

M. Landolt, après de nombreuses expériences, a trouvé que l'étendue moyenne du champ de regard monoculaire devait être chiffré comme suit :

En dehors............	45°	En dedans............	45°
En dehors et en bas.	47°	En dedans et en haut.	45°
En bas...............	50°	En haut..............	43°
En bas et en dedans.	38°	En haut et en dehors.	47°

Les mesures que nous obtenons habituellement, sont, comme on le voit, quelque peu plus étendues; on trouvera d'ailleurs (fig. 11) le champ de regard, déterminé à l'aide du campimètre, d'un œil gauche dont la motilité est parfaitement normale.

Dès que les limites du champ du regard tombent au-dessous des mesures que nous venons d'indiquer, et les derniers chiffres doivent plutôt être considérés comme un *minimum*, c'est qu'il s'agit d'un état parétique du muscle, ou des muscles qui agissent dans le sens où se montre le

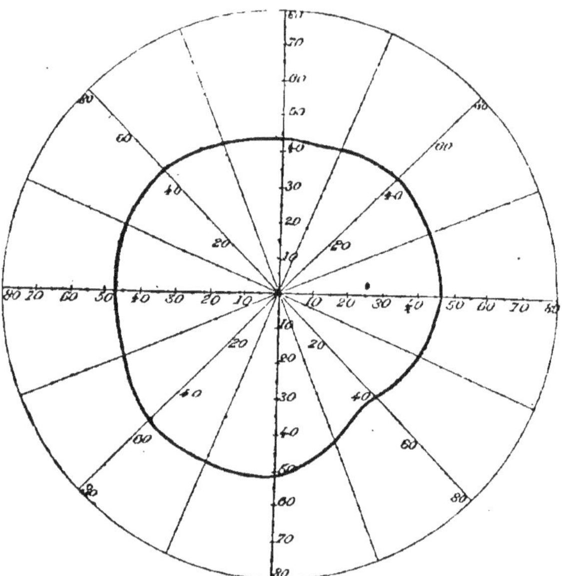

Fig. 11. — OEil gauche. — Champ de regard normal.

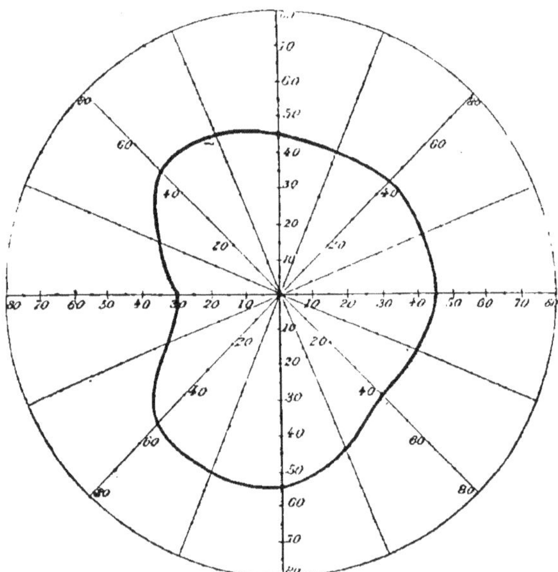

Fig. 12. — OEil gauche. — Paralysie incomplète de la sixième paire.

rétrécissement. La recherche du champ de regard fournit donc un excellent moyen, non seulement pour le diagnostic des paralysies musculaires, mais surtout pour reconnaître dans quelle mesure tel ou tel muscle se trouve atteint. On peut ainsi suivre avec précision, par des examens successifs, l'accroissement d'une parésie ou sa marche vers la guérison.

Champs de regard pathologiques.

La figure 12 montre le champ de regard dans un cas de paralysie incomplète de la sixième paire (moteur oculaire externe) sur un œil gauche. Le rétrécissement atteint son maximum dans la direction horizontale du côté externe. La courbe se relève insensiblement dans le sens d'action des obliques pour reprendre des dimensions sensiblement normales.

Sur la figure 13 se voit le champ de regard d'un œil droit, atteint de parésie de la troisième paire (moteur oculaire commun). Le seul sens où le champ de regard n'ait pas souffert est le côté externe. Le droit interne est fortement atteint, puisqu'il ne permet plus à l'œil malade qu'une

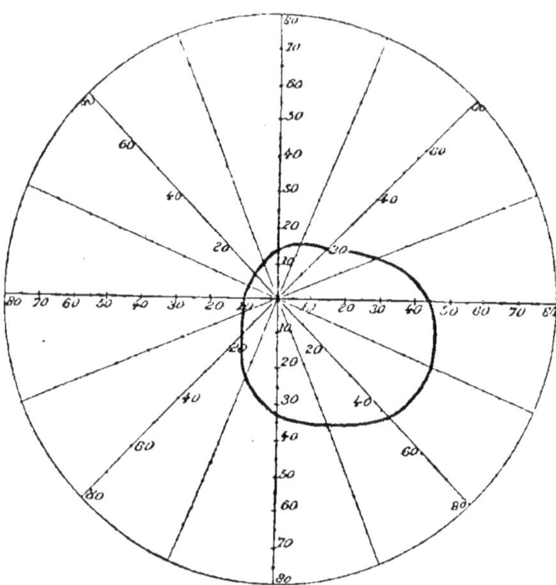

Fig. 13. — OEil droit. — Paralysie incomplète de la troisième paire

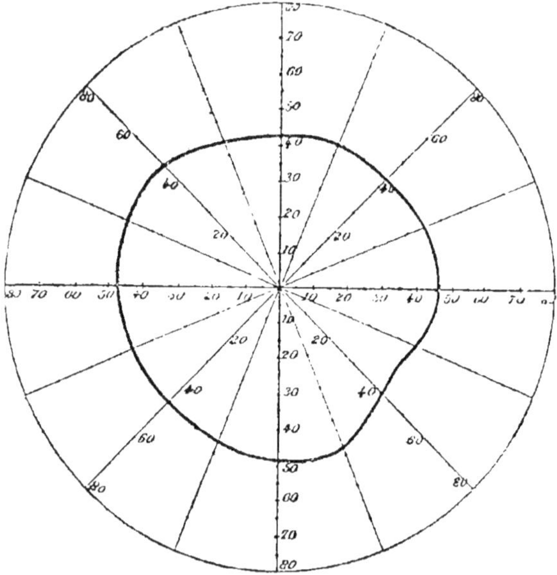

Fig. 14. — OEil gauche. — Parésie de la quatrième paire.

13*

excursion de 10 degrés en dedans. En haut, le défaut d'action du droit supérieur et du petit oblique entraîne aussi un abaissement très marqué de la courbe, tandis que celle-ci s'étend davantage en bas et surtout en bas et en dehors, grâce à l'intégrité du grand oblique.

Les parésies portant sur la quatrième paire (grand oblique) influencent d'une façon beaucoup moins marquée l'étendue du champ de regard, et ne donnent souvent lieu qu'à un aplatissement plus ou moins accusé de la courbe en bas et en dehors, et à une minime réduction directement en bas, comme le montre la figure 14, où la comparaison avec l'œil sain permettait de constater un rétrécissement de 5° en bas et dans la direction inféro-externe.

Ces divers champs de regard ont été déterminés à l'aide du campimètre, en se servant de la division en tangentes pour une distance d'un pied, comme nous l'avons indiqué plus haut.

Strabisme.

Si nous envisageons maintenant les mouvements simultanés des deux yeux, nous voyons que, dans l'état normal, les deux lignes visuelles convergent constamment sur le point fixé, quelle que soit la position occupée par celui-ci. Lorsqu'il en est différemment, et qu'une ligne visuelle est dirigée sur un point autre que celui sur lequel se porte le regard, il y a *strabisme*. Le défaut d'action d'un ou de plusieurs muscles d'un œil, entraîne nécessairement le strabisme, qui est alors *paralytique ;* mais on rencontre une déviation semblable dans des cas où chaque œil, considéré isolément, offre une motilité parfaite : on a alors affaire à un strabisme *concomitant*.

Le premier effet d'un strabisme, du moins lorsque celui-ci se produit brusquement, comme dans le cas d'une paralysie musculaire, c'est de provoquer une *diplopie*. Dans le cas de strabisme concomitant, le sujet s'habitue vite à faire abstraction de la fausse image et n'accuse pas habituellement de diplopie. Le même résultat se produit d'ailleurs à la longue dans le strabisme paralytique.

Diplopie.

L'étude de la diplopie nous fournit un procédé d'une extrême sensibilité pour le diagnostic

des paralysies musculaires, particulièrement précieux lorsque celles-ci sont très incomplètes et
ne donnent lieu qu'à un défaut de motilité et à
une déviation peu accusés. Pour analyser les
doubles images et reconnaître celle qui doit être
rapportée à chacun des yeux, on place devant
un œil, le sain, un verre coloré, rouge par
exemple, et on fait fixer la flamme d'une bougie.
Tandis que l'image de celle-ci vient tomber sur
la macula de l'œil en fixation, elle se peint sur
l'autre œil en un point plus ou moins éloigné
suivant le degré de la déviation, et la flamme
apparaît deux fois : le sujet voit une flamme
rouge dans le point où se trouve la bougie, et
une autre déviée avec sa coloration ordinaire.

Grâce à l'emploi d'un verre coloré, qui, tenu
sur l'œil sain, atténue l'image qui se forme de
ce côté, en la teintant d'une façon particulière,
on arrive souvent à rendre manifeste une diplopie qui échappe dans d'autres conditions.

Il est très important de se souvenir que l'image
de la flamme qui se forme, dans l'œil dévié, en
un point autre que la macula, est projetée dans
une direction *opposée*. Ainsi, lorsqu'on a affaire à
un strabisme convergent, l'image de la bougie

se peint sur l'œil strabique, en dedans de la macula, et est extériorée en dehors, en sorte que la fausse flamme, la blanche, apparaît déplacée du côté de l'œil dévié, dépourvu de verre coloré, la véritable flamme fixée, teintée de rouge, se montrant du côté de l'œil sain ; on dit alors que la diplopie est *homonyme*.

Dans le cas de strabisme divergent, la chose inverse se produit, l'image blanche de l'œil dévié se peint en dehors de la macula et est extériorée en dedans, du côté opposé au point occupé par la bougie, vue en rouge par l'œil sain ; la diplopie est alors *croisée*.

D'une façon générale, *la fausse image se trouve toujours dans une direction opposée à la déviation de l'œil malade*. Si cet œil est porté en dedans, l'image se montre déplacée en dehors, et inversement. De même, si un œil est dévié en haut, l'image correspondante apparaît plus basse que celle de l'œil sain, et inversement.

Dans un cas de diplopie, on conçoit donc qu'en portant la bougie, tenue à la distance de deux ou trois mètres du sujet, dans diverses directions, et en questionnant celui-ci sur la position occupée par la flamme rouge et la blanche, on pourra reconnaître les plus légères déviations ayant affecté un œil, et par suite en conclure, si l'on a une exacte connaissance de l'action de chacun des muscles de l'œil, l'existence des plus minimes degrés de parésie musculaire. .

Lorsqu'on a affaire à un strabisme, non plus paralytique, mais concomitant, le même moyen, lorsque la diplopie est susceptible d'être obtenue, peut trouver son emploi pour reconnaître la présence et le sens d'une déviation, ainsi que sa nature concomitante, qui sera nettement établie par la constance de l'écart des images.

Enfin cet examen se recommande particulièrement lorsqu'après une strabotomie, on veut se rendre compte si l'on est resté au-dessous de la correction désirée, ou si l'on a dépassé le but que l'on se proposait d'atteindre.

Strabisme apparent.

En général, la déviation d'un œil atteint de strabisme frappe tout d'abord l'observateur et ne laisse aucun doute, ni sur sa présence, ni sur son sens; d'autres fois cependant on est très embarrassé pour se prononcer à première vue.

C'est qu'en effet nous jugeons de la position des
yeux d'après la situation occupée par le centre de
la cornée, qui, ainsi que nous l'avons vu (p. 222)
ne concorde pas habituellement avec le passage
de la ligne visuelle et peut en différer d'un
angle très notable, tantôt positif (hypermétropie),
tantôt négatif (myopie). Il peut donc exister un
strabisme *apparent*, divergent chez l'hypermétrope, convergent chez le myope, qu'il importe
de distinguer du strabisme véritable.

Un procédé très simple consiste à faire fixer au
sujet un point, par exemple l'extrémité du doigt,
pendant qu'avec un petit écran, un verre dépoli,
on cache un œil. En portant rapidement l'écran
au-devant de l'autre œil, et en observant attentivement l'œil brusquement découvert, on verra
que ce dernier reste immobile si en réalité il
n'existe pas de déviation. A-t-on au contraire
affaire à un véritable strabisme, on constatera
que, au moment où l'on enlève le verre dépoli
pour cacher l'autre œil, le premier, pour entrer
en fixation, exécutera une excursion, en dedans
dans le cas de strabisme divergent, ou en dehors
si le strabisme est convergent.

Déviation secondaire.

L'emploi du verre dépoli, permettant d'observer la déviation que subit l'œil exclu de la vision, est particulièrement précieux pour l'étude des parésies musculaires, et constitue un troisième moyen de diagnostic, puisque nous avons déjà vu comment on pouvait utiliser dans ce but le champ de regard et la diplopie.

L'œil affecté sera reconnu en constatant, sous le verre dépoli, l'excès de déviation qui se produit du côté sain (contrairement à ce qui se passe dans un strabisme concomitant, quand on oblige le sujet à fixer avec son œil malade et à mettre en jeu, pour faire agir un muscle parétique, une somme d'innervation exagérée, entraînant une *déviation secondaire* plus grande que la *déviation primitive*, c'est-à-dire que celle qui a lieu sur l'œil malade. Laissant le verre dépoli sur le bon œil, on reconnaîtra que la déviation secondaire atteint son maximum lorsque le regard de l'œil malade est dirigé dans le sens d'action du muscle parétique.

Mesure du strabisme.

D'une façon générale, il est important, dans un cas de strabisme, d'avoir à sa disposition un

moyen de mesurer la déviation dont l'œil strabique est affecté. Comme il s'agit de mouvements
de rotation accomplis par l'œil autour d'un cen-

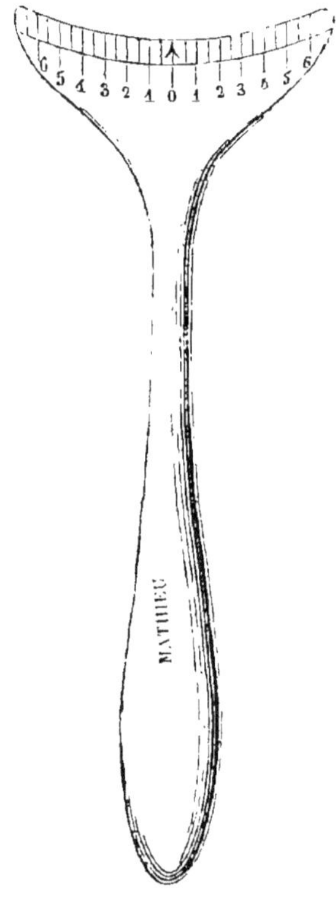

Fig. 15.

tre, on conçoit qu'une déviation anormale ne
peut être exprimée rationnellement que par un
arc.

Le procédé qui consiste à représenter par une

mesure linéaire le strabisme ne peut donner qu'une notion approximative sur l'étendue de la déviation. L'instrument destiné à ce mode de mensuration le plus employé est le strabomètre de Laurence. Il consiste en une petite plaque d'ivoire fixée à un manche (fig. 15) et dont le bord concave, divisé en millimètres à droite et à gauche, à partir d'un point central 0 occupant son milieu, est destiné à être placé le long du bord de la paupière inférieure, de manière que le zéro coïncide avec le milieu de la fente palpébrale. On recherche alors à quelle division, en dedans ou en dehors, correspond une ligne verticale passant par le centre de la pupille. On exprime le résultat en disant qu'un strabisme divergent, ou convergent, offre une déviation de 3, 4 ou 5 millimètres.

Si l'on veut opérer avec plus de rigueur, il faut faire usage de l'arc, divisé en degrés, du périmètre, et apprécier la position occupée par l'œil dévié, à l'aide du moyen indiqué par M. Javal, dont nous avons antérieurement parlé (p. 222). L'arc du périmètre étant fixé horizontalement, si on a affaire à une déviation dans le sens du méridien horizontal, l'œil strabique est placé au centre de l'instrument, et l'œil sain du sujet, dont la tête est tenue bien droite, est dirigé vers un point situé au loin sur le prolongement du rayon passant par le zéro de l'instrument.

La ligne visuelle de l'œil atteint de strabisme, au lieu de passer par le zéro, tombe alors sur un point variable de l'arc dont le nombre de degrés correspondant représente la déviation.

A l'aide d'une petite bougie que l'on déplace le long de l'arc, jusqu'à ce que le reflet tombe au centre de la cornée de l'œil strabique, on obtiendra en lisant sur l'arc le chiffre correspondant au point occupée par la bougie, l'inclinaison de l'axe optique souvent assez peu différent de la ligne visuelle. Mais si on veut agir avec précision, on devra tenir compte de l'angle α et mesurer celui-ci, comme nous l'avons indiqué page 224. Si l'angle α est positif, comme c'est le cas le plus habituel, il faudra l'ajouter au nombre de degrés trouvé, ou le retrancher, suivant qu'on aura affaire à un strabisme convergent ou divergent. La correction serait inverse si l'angle α se trouvait négatif. Le résultat de l'examen sera ainsi noté : strabisme convergent ou divergent, déviation 15 ou 25°, par exemple.

Nous terminons ici l'étude des principales explorations auxquelles on doit soumettre les yeux dont on se propose d'examiner le fonctionnement. Notons qu'un examen aussi complet est rarement nécessaire. Toutefois la réfraction devra être exactement déterminée dans tous les cas, sauf lorsqu'il s'agira d'une affection oculaire aiguë pouvant s'opposer à l'examen, afin de prescrire tout d'abord les verres qui peuvent être nécessaires, à moins cependant qu'il ne soit utile de mettre les yeux au repos. L'exploration du champ visuel et l'examen de la perception des couleurs seront réclamés dans les affections du fond de l'œil et dans les diverses formes d'amblyopie. Enfin il y aura lieu de procéder à l'étude des mouvements des yeux chaque fois qu'on aura affaire à une paralysie musculaire ou à un simple strabisme.

FIN.

TABLE DES MATIÈRES

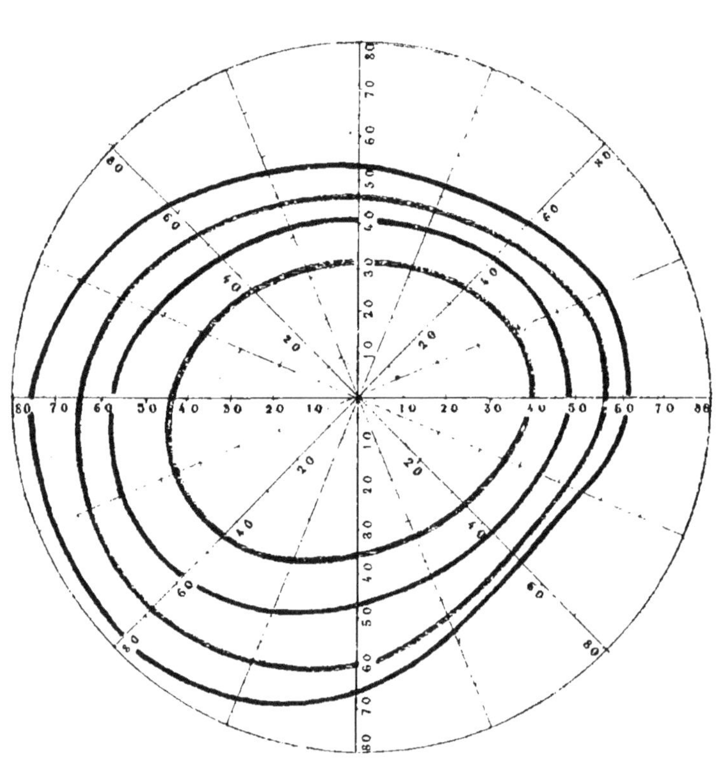

Œil gauche _ champ visuel normal

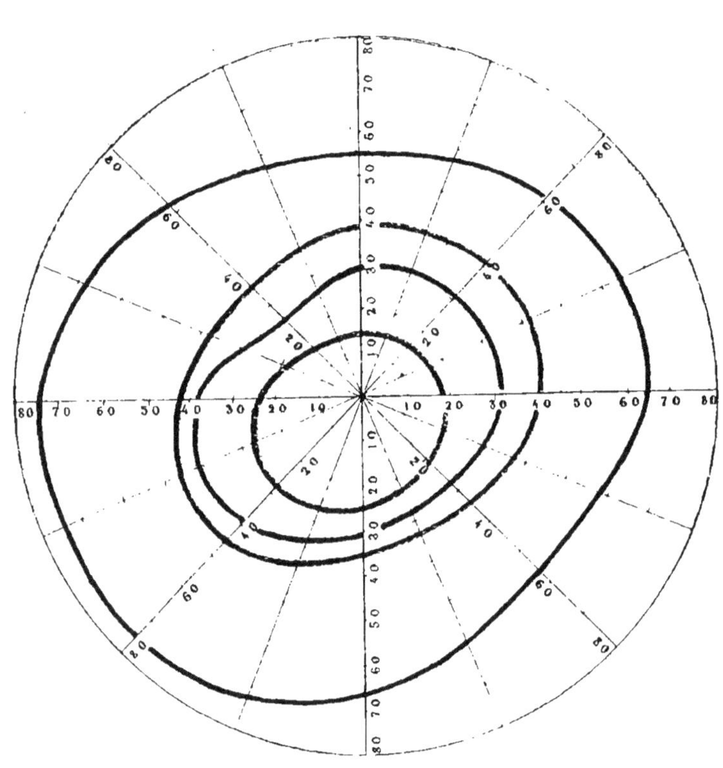

Masselon, del.

A. Lefèvre, lith.

Œil gauche — Atrophie papillaire
commençante — Limit V = $\frac{2}{10}$

O. DOIN, Éditeur.

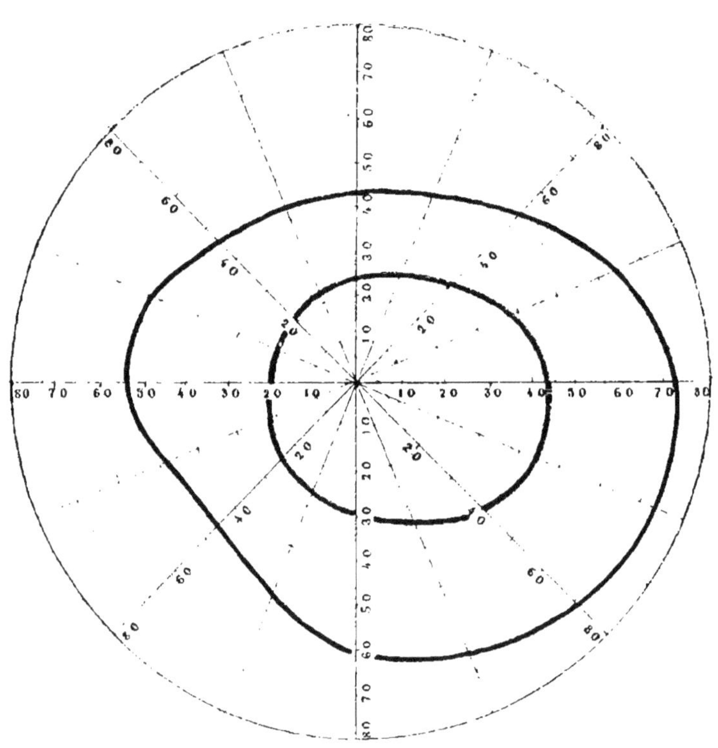

Masselon, del.   A.Lefèvre, Lith.

Œil droit.— Atrophie papillaire

de cause spinale.—Hm.l V=¼

O. DOIN, Éditeur.

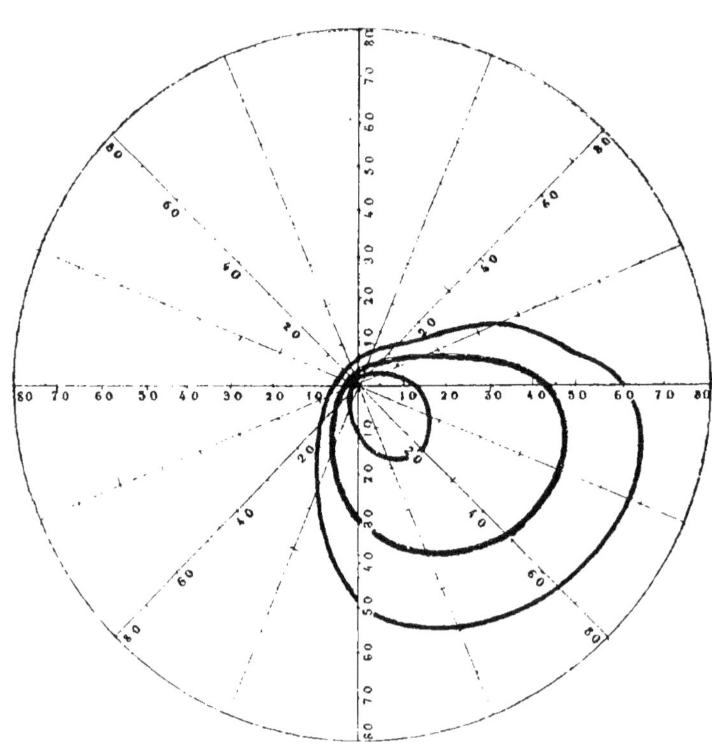

Masselon, del.

A.Lefèvre, lith.

Œil droit.— Atrophie papillaire
de cause cérébrale. En V=⅓.

O. DOIN, Éditeur.

Pl. V.

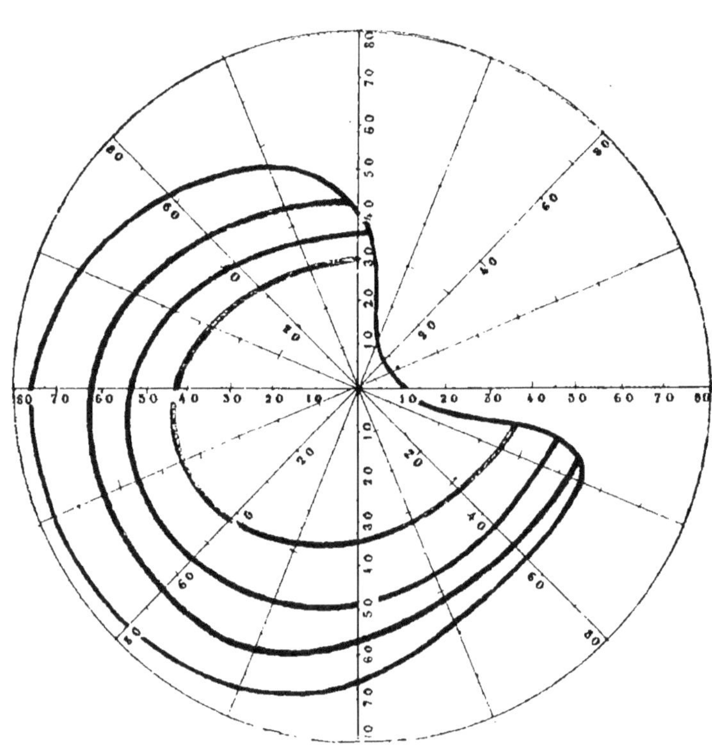

Masselon, del.

A. Lefèvre, lith.

Œil gauche.— Embolie d'une branche

de l'artère centrale. Em V = $\frac{1}{2}$

O. DOIN, Éditeur.

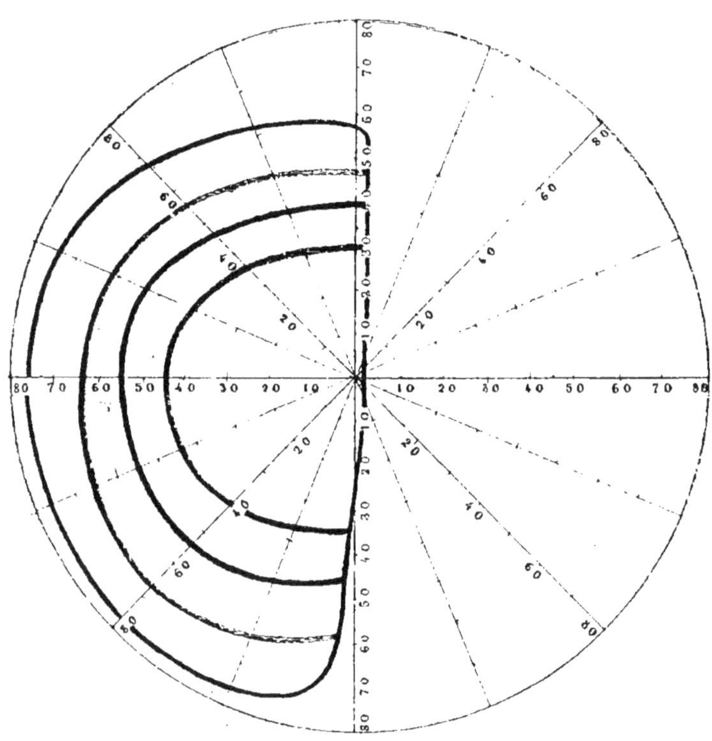

Masselon, del.

A.Lefèvre, lith.

Œil gauche_Hémiopie (Homonyme) droite

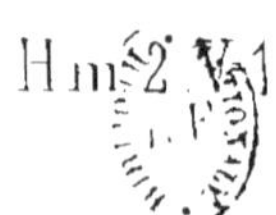

Hm 2 V 1

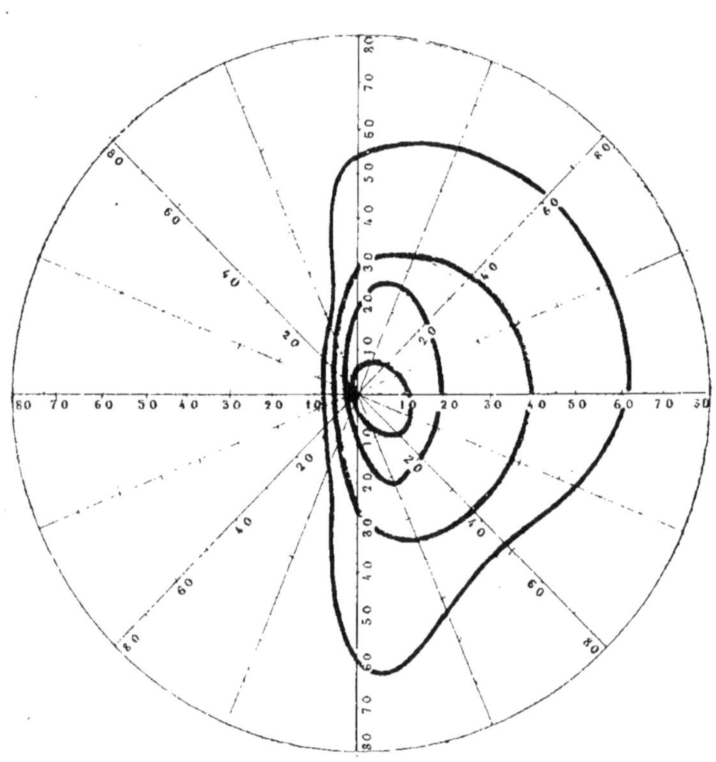

Œil gauche. Hémiopie (croisée) temporale. Em. V.⅙

O. DOIN, Éditeur.

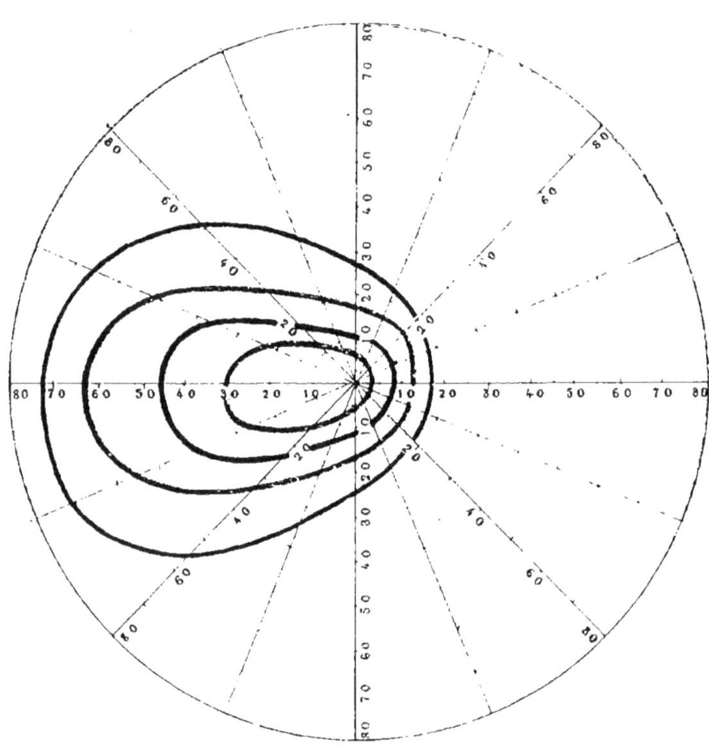

Masselon, del.   A. Lefèvre, Lith.

Œil gauche _ Glaucome chronique

simple. M I V = $\frac{1}{2}$

O. DOIN, Éditeur.

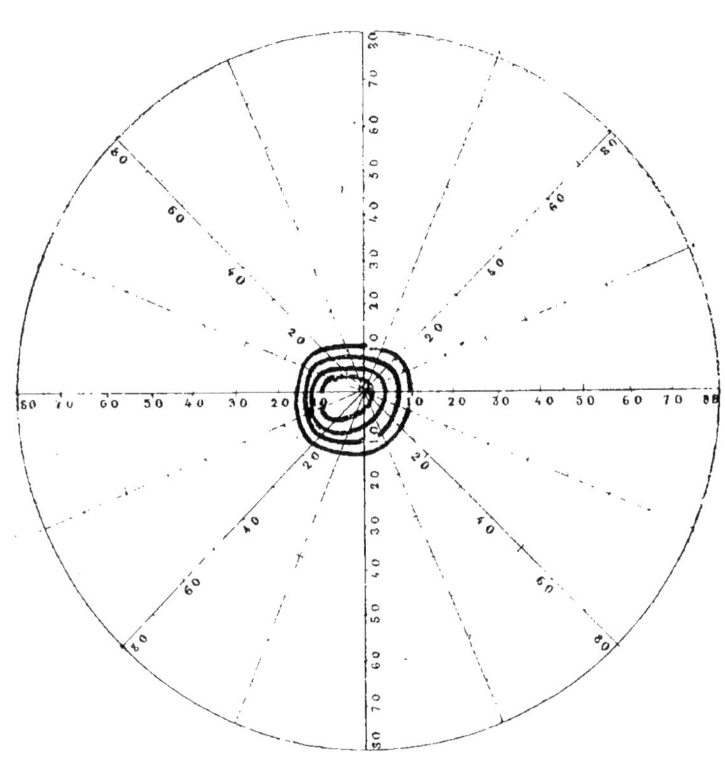

Masselon, del.

A. Lefèvre, lith.

Œil gauche _ Dégénérescence pigmentaire

de la rétine _ M 1.50 $V = \frac{2}{3}$

O. DOIN, Éditeur.

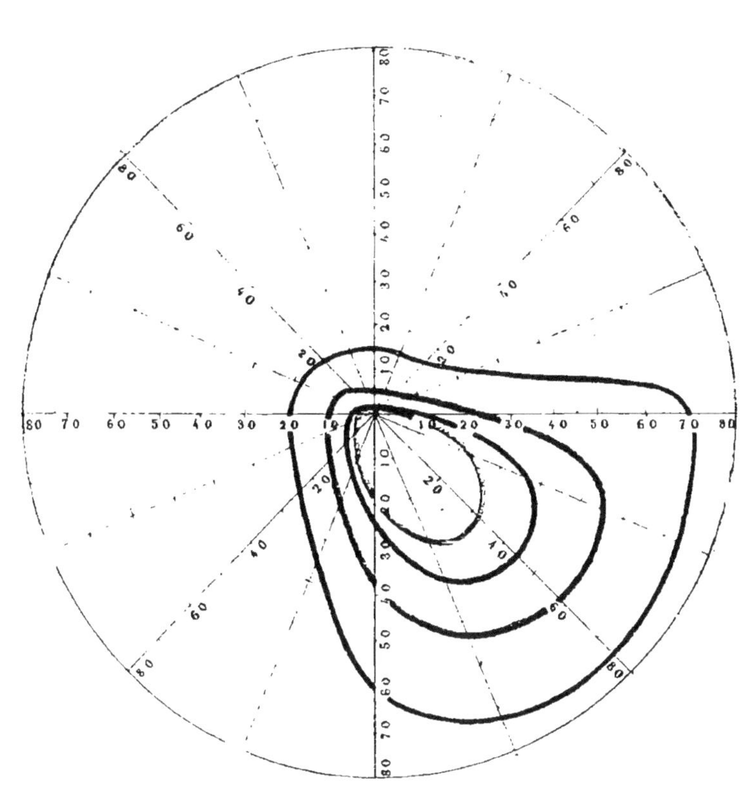

Masselon, del.

A. Lefèvre, lith.

Œil droit Décollement de la rétine

Les doigts sont comptés jusqu'à 0^{m}75^c

A.

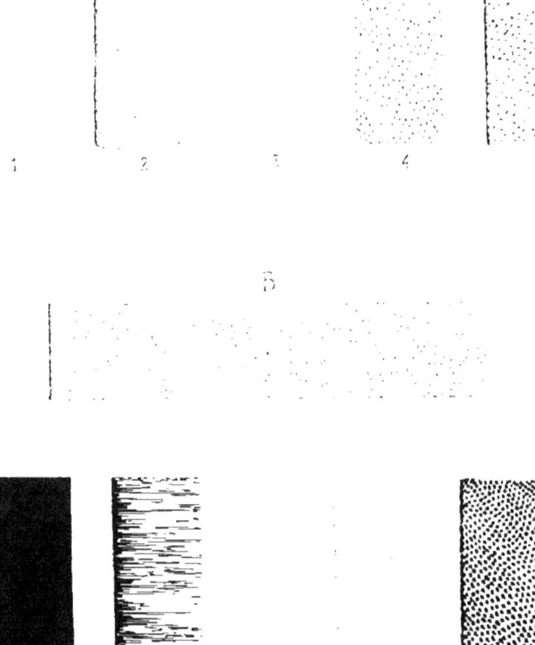

B.

A.B Couleurs d'échantillon

1_9 Couleurs de confusion

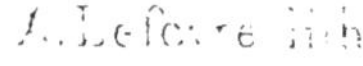
A. Lefèvre lith.